建筑师执业实践宝典系列丛书

建筑师成本管理

[美]迈克尔·D·戴尔伊索拉　著
李卓　毛磊　译

中国建筑工业出版社

著作权合同登记图字：01-2005-2238 号

图书在版编目(CIP)数据

建筑师成本管理/(美)戴尔伊索拉著；李卓，毛磊译.
北京：中国建筑工业出版社，2008
(建筑师执业实践宝典系列丛书)
ISBN 978-7-112-10056-9

Ⅰ. 建… Ⅱ. ①戴…②李…③毛… Ⅲ. 建筑工程-成本管理 Ⅳ. TU723.3

中国版本图书馆 CIP 数据核字(2008)第 057600 号

Architect's Essentials of Cost Management/Michael D. Dell'Isola，-Z1/471-44359-X

责任编辑：董苏华 孙炼 / 责任设计：赵明霞 / 责任校对：兰曼利 梁珊珊

建筑师执业实践宝典系列丛书
建筑师成本管理
[美]迈克尔·D·戴尔伊索拉 著
李卓 毛磊 译
*
中国建筑工业出版社出版、发行(北京西郊百万庄)
各地新华书店、建筑书店经销
北京天成排版公司制版
世界知识印刷厂印刷
*
开本：880×1230 毫米 1/32 印张：7⅜ 字数：220 千字
2009 年 3 月第一版 2009 年 3 月第一次印刷
定价：**26.00** 元
ISBN 978-7-112-10056-9
(16859)

目录

前言

建筑业中，很少有比工程成本超过预算更让人头痛的事了。哪怕控制了事态，采取了补救措施，但仍然可能失去客户，利润也消失殆尽，而且公司的声誉也不可挽回地受到损害，恶劣的影响会持续好多年。

尽管如此，在如何提高成本管理的专业能力，加强成本估价及管理方面，业界所作的创造性工作并不多。当然，我们还是能看到很多关于建筑成本估价的资料，大量的自动更新的数据库，最新的电脑评估程序。但是，这些东西真的有用吗？

我一直认为，把建筑师培养成建筑评估师是错误的。很多建筑师天生就更多地关注概念而忽略细节。实际上，我们真正需要的是一种新方法：在设计阶段就从概念而非细节的角度出发，对建筑成本进行管理。

我们怎样计算成本非常重要。对很多人来说，方法只有一个——建筑物的总体造价是否等于一大堆小开支的总和：人工费、材料费、设备费、一般管理费、利润等等。这样一来，成本估价的惟一方法就是从头到尾计算这些基础要素的数量和价格。不幸的是，在建筑设计过程中不会使用这种方法。实际上，设计中用到的方法完全相反。一般是以统计、描述的规划为基础创造出原理设计、概念设计，整个设计的出发点仅需遵循系统、分项以及产品需求是否能满足概念的要求。

事实上，在最初概念性的设计中，就已经播下了工程最终造价的种子。从这个角度来说，建筑师必须从一开始就为整个工程确立成本控制的框架。

这本书从很久以前就开始写了，书中介绍了一些背景信息，以帮助每位建筑师了解一些建筑经济学的基本原理，即：哪些概念上的因素是真正影响建筑成本的因素。对那些不了解 UNIFORMAT 的读者来说，该书对怎样使用这一强大的系统进行了详细介绍，包括检查预算的制定，准备概念性评估，实行贯穿设计和建筑始终的成本控制，总结成本控制经验以用于其他项目等内容。

能与本书作者 Michael Dell'Isola 在 Hanscomb 以及以前其他地方一起共事，我感到很荣幸。Michael Dell'Isola 在他的职业生涯中，致力于倡导和推广寿命周期成本、价值设计以及责任成本管理等概念，对建筑业界贡献良多。

我向您推荐这本书，相信它不会让您失望。

Brian Bowen

Hanscomb 公司前总裁

于美国佐治亚州亚特兰大

致谢

本书介绍了成本管理的相关知识，强调在项目营建的早期规划和设计阶段进行成本管理，以及将成本管理结合到设计过程中的重要性。建筑经济学和成本估价是本书重点讲述的内容。此外还有一些和成本管理有关的重要知识，包括价值管理/价值工程、寿命周期成本计算、可持续性、风险管理以及新的发包方式对成本管理的影响。

我认为，有效的成本管理和高质量的设计并不矛盾。从长远来看，有效的成本管理实际上能促进设计质量的提高。这对设计者和建筑师来说都是一个重要的课题。

很多朋友和组织参与了本书的资料收集过程，并提供了重要的信息和范例。特别是我为之工作了将近 15 年的 Hanscomb 公司，对本书的写作提供了慷慨的支持，不仅提供了许多工程项目范例作为素材，还为本书提供了非常好的写作环境。

多年来，Hanscomb 公司一直积极为宾夕法尼亚州立大学、美国建筑师学会、联邦政府公共事务部等许多机构编制成本管理方面的业务手册和研讨会材料。本书中很多素材来源于这些业务手册和研讨会材料，并特别地归功于 Hanscomb 公司前总裁，Brian Bowen 先生，他是业界倡导成本管理的先驱者。

还要感谢的是我的家人，没有他们长期的支持和鼓励，我不可能完成这本书。感谢我的哥哥 Al 和 Anthony；感谢我的姐姐 Ann；感谢我的儿子 Michael，Drew 和 John；最后要特别感谢我的妻子 Debbie，谢谢她多年以来对我的支持和关爱。

第1章 导言

现今，业主对设计方和施工方的要求越来越高，不仅要求他们对工程财务和经济状况投入更多关注，还要求他们对项目实施全过程实行更为有效的成本管理。抛开行业、地域或金融状况的因素不谈，业主希望他们的设计和施工队伍以一种严谨的、负责任的态度对工程成本进行管理，也希望建筑师以及设计过程中的领导和管理者们，在成本管理过程中发挥主导作用。

对于一项工程，业主希望应当尽早制定精确详尽的预算，随后，工程能按照规定的范围、质量和性能要求，在预算计划内完成。不论建筑工程质量或其他品质如何，对于业主而言，成本绝对是最先考虑的因素，并通常作为判断成败方面的标准。在论证一项工程合理性的时候，经常发生的情况是，项目财务判断常常必须要求“没有超预算”。

在过去的十年里针对这一课题，包括美国建筑师学会、佐治亚理工学院、宾夕法尼亚州立大学、美国建筑设计学院和美国公共事务局在内的各类组织和机构，在开发方法、召开研讨会和实施其他教育性计划方面给予了大力支持。无数关于成本估价和成本管理的论文、业务手册，以及一些教科书陆续面世。此外，施工规范委员会(NIST)、美国材料试验协会和国家标准与技术协会，以及国家建筑科学协会也开展合作，共同对成本估价和文件管理体系进行定义和描述。

《建筑师成本管理》一书对上述工作进行了总结、回顾和发展，提出了一种适用于建筑师和设计师的系统的成本管理方法。本书分为以下五章：

- 第 1 章　导言
- 第 2 章　建筑经济学：包括建筑成本、影响成本的主要因素、值得关注的行业新趋势等内容。
- 第 3 章　成本估价方法论：包括推荐使用的体系，可能影响成本的因素，成本估价基本原则，成本估价方法，以及和寿命周期性成本计算及价值工程有关的先进技术等内容。
- 第 4 章　成本估价工具：包括通过纸版发行或可从电脑获取的有用的成本估价工具，怎样建立和维护成本数据文件，怎样使用成本指数，进行电脑辅助性评估过程中需要注意的事项等内容。
- 第 5 章　成本管理方法论：重点介绍成本管理方法论应用要点。包括预算和成本计划编制，设计和施工过程中的成本管理，改变发包方式等对成本管理造成的潜在影响等内容。

成本管理的要点到底是什么？从概念上讲方法论并不复杂，在实践中就更为简单，只包含三个步骤：

1. 明确项目建造内容及用户/业主需求，从一开始就做好预算。

2. 确保项目建造内容、用户/业主需求及预算相互协调。

3. 在项目进程中保持成本的平衡和协调。

上述关系参见图 1-1。经验已经显示，要得到好的结果必须有好开端。但是，似乎总有数不清的理由，让我们觉得投入必需的时间和精力去为创造一个好的开端是非常困难的事。尤其这不是个别的现象，这是弥漫在整个行业中的一种浮躁情绪的反映。人们总是匆匆忙忙地去启动项目，去筹集资金，去竞赛，去消耗资源。

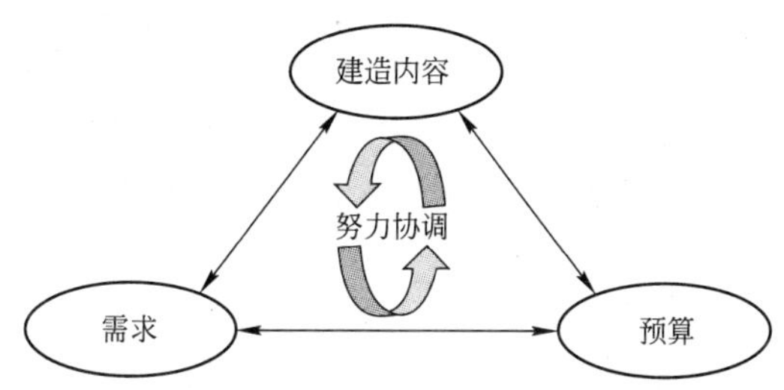

图 1-1　项目建造内容、需求和预算相互关系

如果将项目建造内容、用户/业主需求和预算三者割裂开来，就会产生协调上的问题。过去几十年的经验教训告诉我们，要通过设计来解决协调问题是非常困难的，既要耗费大量时间，又会产生很多争议。道理很简单：设计过程不应当成为解决协调问题的手段。

最初的协调问题一般源于三种原因：规划不完善或无法实施，与相关要求不一致，概念设计有重大缺陷。我们必须从规划的层面出发来解决这些问题。一旦设计阶段出现协调问题，就应该意识到项目可能需要重新规划，而不仅仅是重新设计的问题。这不是在玩文字游戏，而是一种郑重的提醒：设计应当在充分规划的基础上进行。

一、术语

在建筑界，使用术语和标准很少有绝对的对错，定义也千差万别。但是，为了方便交流，对基本定义和基础术语进行统一是很重要的。因此，本书使用如下的术语定义：

- 建造内容。从本质上讲，建造内容指建造过程的各部分“有多少”，包括设施可计量的方面：规划建筑的体量、建筑几何形状和设施性能。
- 需求。需求因人而异，很难对其进行指导性的定义。从本质上讲，我们可以把“需求”定义为：过程的各分项“有多好”，顾客期望的最终质量和性能的实现程度。需求包括感官性能、质量、体系运行状况、设备性能、项目发包和外部要求。

▶ 预算。预算显示的内容是：过程“会花多少钱”。一份全面的预算，特别是从业主角度出发所作的预算，不仅应当包括工程启动初期采购材料的花费，还应当包括设备固定成本的总和(包括初期成本、未来一次性成本、设备年度成本和功能使用成本)。

上述定义层次关系见图 1-2。切记上述定义可能由于项目的不同而不同，保持定义的一致性比精确定义某个术语更为重要。

建造内容	需　　求	预　　算
• 规划 —功能空间规划 —模块 & 组合 —公共空间 —效率 **• 形体** —墙体面积率 —连接程度 **• 内空间** —顶棚净高 —送风高度 —工程缝 —前庭 —采光架 **• 功能参数** —采暖通风与空调 /单位面积或重量 —瓦/单位面积 —管道固件 —通风管道重量 —钢材重量/单位面积 —等等	**• 美观** —形状 & 体量 —外形 —社会需求 —设计问题 **• 质量** —结构 —材料 —工艺 **• 项目发包** —阶段 & 计划安排 —施工时继续使用 —发包体系 **• 系统性能** —功能空间要素 —房屋管理 —维护 —能量消耗 —维持性 **• 设施性能** —活荷载 —扩展性 —适应性 —安保 & 安全 —进出口 —邻近 —自然光 **• 外部需求** —规范 —标准 & 准则	**• 初始成本** —场地费用 —固定费用 —施工费用 —通货膨胀以及价格波动 —或有费用 —其他费用 **• 未来一次性费用** —更新 —改造 —抢修 —其他一次性费用 **• 年成本** —操作费用 —维护费用 —财务费用 —税金 —保险费用 —安全费用 —其他年成本 **• 功能使用成本** —职工工资 —材料费 —停用成本 —其他功能使用成本

图 1-2　建造内容、需求、预算层级图

二、成本管理有关事项

要想成功地进行成本管理，必须注意三点：采用适当的标准、追求效力最大化、保持一致性。需要重点考虑的因素如下：

- 制定标准体系。标准体系是项目阶段到阶段以及项目到项目过程中信息有效交流的基础。最常见的体系是Masterformat，它以分包/工艺以及材料为基础，适用于描述规范。但是，MasterFormat 在比较设计竞标和检索历史数据方面功能较差。相反，UNIFORMAT 是一种产生于 20 世纪 70 年代并于近几年得到更新的体系，是一种以分项工程或以建筑系统为基础的体系，在分析设计阶段成本管理问题时显得更为有效。因此，本书强烈推荐将 UNIFORMAT 作为首选体系使用(第 3 章将详细介绍这两个体系)。
- 关注影响成本的因素。对任何项目来说，关注那些真正影响成本的因素都是非常重要的。在预计成本的时候，确实没有足够的时间把所有的细节都考虑到。常见的情况是，一些小决定就能引起重要的连锁反应，或者产生其他预期以外的结果。要实行有效的成本管理，我们必须运用佩瑞多的“成本二八定律”（参见图 1-3），对

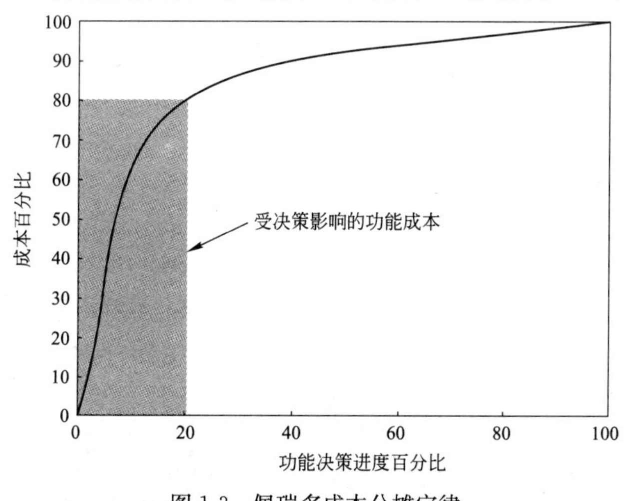

图 1-3　佩瑞多成本分摊定律

“整体蓝图”进行全面的关注。（韦尔福雷多·佩瑞多，19 世纪末 20 世纪初意大利经济学家，提出成本分摊不均原理，其主要观点是：在一个包含多个分部的项目里，一个非常小的分部也可能占据很大的成本比例。）这一原理在成本管理中是一个常用的指导方法。

- 重视早期设计过程。要实行有效的成本管理，我们必须重视规划，重视设计初期决定的过程，在这一过程中作出的改变往往不会对项目造成重大损害。一旦到了技术设计阶段，重大改变常常会造成巨大损害。这并不是说技术设计阶段或施工文件准备阶段的成本管理不重要，而是说，在后一阶段能够调整的方面就大大的窄了；另外，也不允许耗费金钱进行改变。图 1-4 显示了阶段和变更之间的关系；在第 5 章成本管理基本原理中，我们还要对这个问题作进一步讨论。

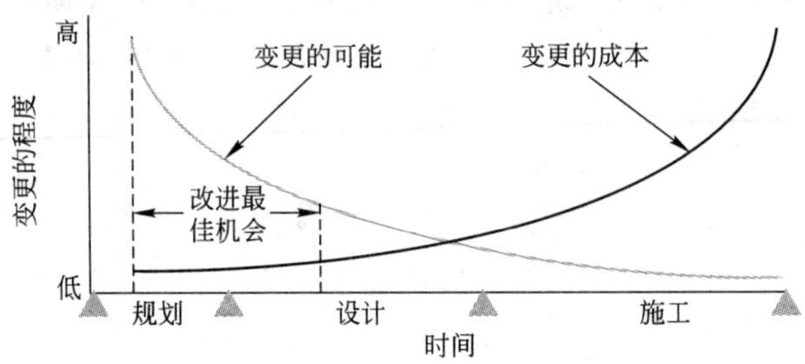

图 1-4　时间和成本之间的关系

- 注意质量和成本的关系。质量和成本的关系并不是线性的。如果是这样，作出决定就容易多了，因为成本的增加或减少会相应带来质量的提高或降低：质量或性能提高 25%，价格也会提高 25%。而在建筑领域，事实上质量和成本非常不成比例，往往质量只得到了中等程度的提高，而成本已大大增加。因此，遇到此类问题时，小心谨慎地确定适合的质量水平是非常重要的。增加不必要的质量要求很可能会遇到成本方面的问题。
- 考虑寿命周期成本。提高项目初始投入费用可能会在项目整个过程中获得相应的回报，但将来可能支出的成本费用也应当纳入考虑范围。而且，在质量或性能上进行不必要的投入所能得到的回报可能极少。对任何一个系统来说，都可能有一个寿命周期的“最佳”选择，也即是说从经济功能的角度讲，可能有一个最好的系统选择，上述关系参见图 1-5。第 3 章对寿命周期成本计算和价值工程学的相关内容进行了阐述，并介绍怎样在整个成本管理过程中如何利用这两种有用的工具。强调运用相对于初期成本的寿命周期性成本计算是本书的一个重要内容。

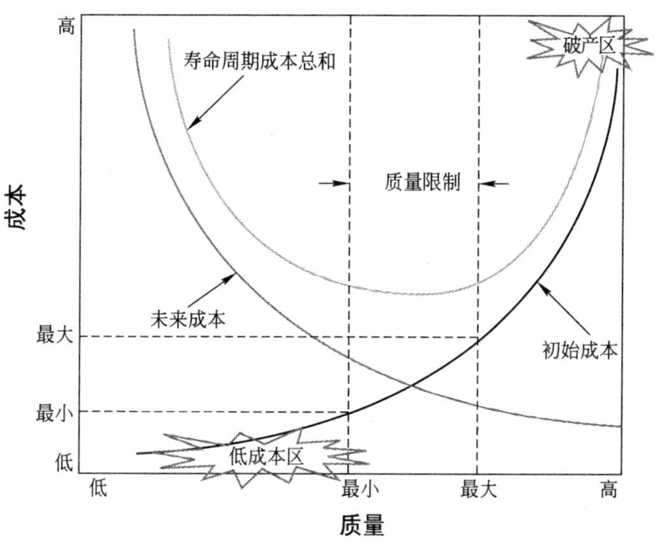

图 1-5　质量和成本之间的关系

➤ 识别并管理风险。每个项目的决策都包含着风险，但从成本的角度讲，有些决策的风险要大得多，在作出这些决策之前，我们应当注意制定好风险防范计划，并确定备用方案以减少固有风险。图 1-6 是一个简单的比较图，对单点评估所产生的不同风险进行了比较。第 3 章将对风险管理进行详细阐述，并介绍怎样识别重大风险，怎样确定潜在成本费用。很多和“成本二八定律”有关的决定都是和风险有关的；因此，精确灵敏的成本管理应当对风险有所考虑。

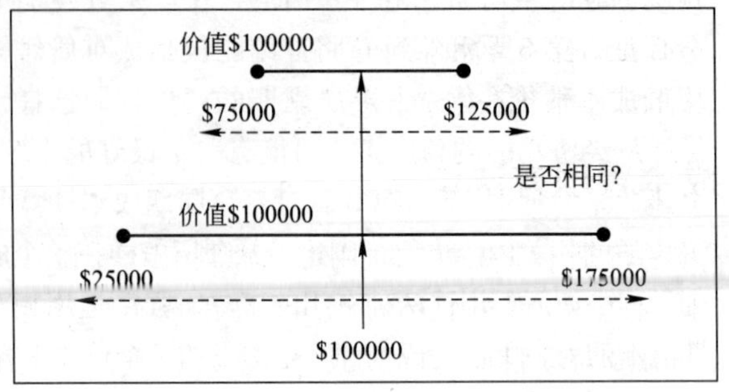

图 1-6　单点估价的比较

- 利用成本历史记录。成本历史记录可以从多种渠道获得：经验丰富的员工，公布的成本数据，从其他机构获得的信息，以及业主提供的成本数据。早期成本估价可能主要依赖于成本历史记录作出，而后期成本估价可能更多的在全面调查掌握细节的基础上作出。不论成本信息从何种渠道获得，都应当确认其真实性和可靠性，并查验其是否真正可比。从一开始就清晰了解如下的内容是非常重要的，如市场情况、时间安排，纳入或排除掉的历史成本信息等内容等相关技术背景。如果我们只是简单地把某种方法称为“计量法”，但对它的理解和诠释并不一致，使用这种方法就会导致可笑的错误。尽管以往的经验表明，如果我们仅依靠成本历史记录的制定预算并实施控制会产生严重问题，但在也没有什么理由不在“内部”保留项目的精确历史记录。为此，本书将会介绍一些收集、保留项目历史信息的方法和技巧。
- 有效进行成本估价。无论是由内部人员，或是外聘咨询师、工程师来进行成本估价，一份全面、充分、可靠、有效的评估都是最终的目的。此外，任何评估的精确性都依赖于其基础信息的准确性；进行假设必须依赖于这些评估，尤其是早期评估。经验表明，可采取以下步骤提高评估的精确性和有效性：(1)制定清晰的评估文件；(2)保证所有参与方对预定的细节水平和体系有清楚的了解；(3)确保所有评估参与方意见一致；(4)准确评价市场因素，或有费用和主要风险；(5)从时间上给与充分保证。第 3 章和第 5 章将介绍，包括成本管理全过程中的成本估价在内的一些方法和技巧。

三、成本管理方法论

成本估价是一个工具，而成本管理则是在项目管理整体框架中使用这一工具的具体过程。有效的成本管理能让项目所有参与方应对项目面对的挑战，以及理解不同成本决策结果之间的关系。对多数企业来说，只要从一开始有清晰的目标，并调整好与工程建造内容、用户/业主需求和预算的关系，并在整个项目过程中对此进行保持，就能实现有效的成本管理。下面介绍一些用于实施和保持成本管理的基本步骤，这是与简单的、自发性的成本估价有所区别的：

1. 制定正确的预算。一份正确的预算应当考虑到范围和需求。这需要在初期设计之前就将设备规划转化为“成本计划”。必须将规划中的若干要求转化为对设备的要求，保证用户/业主对质量和性能的需求反映到具体的设备原料确定和系统设计中，并落实为成本计划。成本计划是运用“面向成本的设计”方法的基础，并将预算和具体的项目规划、用户需求和范围结合起来。这种方法可能给设计者带来质的改变。第 3 章和第 5 章将会介绍如何为制定成本计划作好准备。

2. 根据成本计划将整体预算分摊到各个主要分部。确保参与设计过程的个人对自己负责的那部分预算和需要用到的主要参数有清晰的了解。

3. 在设计过程中进行监督，确保每个技术决策对项目成本的发生作用。随着设计进程的不断深入，对能影响成本的决策也越来越多；因此，当作出这些决策时，设计者、施工方和业主/用户一方的人员对这些决策带来的后果(经济上的或其他方面的)都应当有一个清醒的认识。在作较大的阶段性评估期间，应当根据上述变化定期更新成本计划。而在主要的评估阶段，应当制定新的评估对成本计划基线进行相应调整。

4. 在整个项目过程中适当采取必要措施保持工程建造内

容、质量和性能之间的平衡，确保项目在整体预算范围内。在项目进程中，以有关建造内容和用户/业主需求的关键标准和参数为指导，如果发现与预算不符，则表示可能存在成本方面的问题。这时候，应当对与当前设计和主要风险有关的或有费用进行调整，并选择特殊的便于施工的发包方式，这也是项目过程中不可缺少的一部分工作。在设计阶段，上述工作应持续进行，为进行阶段性评估，充分更新成本计划作好准备。

5. 使用基准法将项目与其他已完成项目进行对比比较。

6. 运用寿命周期性成本计算和经济分析法对长期成本、长期持续运行能力以及潜在的功能人员配置等问题作出安排。业主希望设计人员、咨询人员和施工人员能充分意识到各自行为所产生的经济后果。这个问题将在第3章和第5章中作进一步讨论。

7. 采用价值管理工程学作为提高成本管理质量的另一个重要工具。在以往的工程中，价值管理的应用常常过于迟缓，并且对影响工程和业主的重要事件缺乏足够的敏感性。第3章和第5章将介绍一些成功的经验和技巧，可用于由设计人员、业主人员、施工人员及外聘专家(必要时)各方参与的关于价值管理的正式会议。这类会议可为项目提供创造性意见，并对所有决定作出全面回顾和检查，随着设计的不断完善，这类会议也会越来越关注细节问题，最后变成预投标结构性的检查。

8. 在建筑过程中，检查并评估发生的变化，提出可能影响进度或成本的事项。工程一旦结束，即应从需求、对历史数据进行分目等方面对工程进行评估，并与其他工程进行基准性比较。

运用上述方法有助于在工程期间保持范围、需求和预算之间的平衡，并有助于满足业主要求，实行更为有效的成本管理。

第2章 建筑经济学

是什么决定着建筑物的造价？对于一件衣服、一辆汽车，甚至一栋房子的价格，我们都很好理解。凭经验我们能判断什么东西应该值多少钱；但除非我们自己一手一脚地把一件东西造出来，否则绝大多数人不可能清楚地知道是什么决定着这件东西的造价。建筑工程项目是一个复杂的实体，其间包含着许多原材料，由工人，在机器的帮助下，把这些原材料组合在一起。但就像一个知名品牌的坐便器造价值 400 美元，这一造价除了坐便器本身，还包含着其他很多因素。也即是说，要想知道怎样进行成本管理，首先应当对建筑成本的组成部分有清晰的了解和区分。

建筑不是一项简单的工作，从设计过程到施工方式都很复杂，本章主要介绍和设计有关的建筑要素的概念。至于怎样把建筑成本进行细化，怎样施工等问题，因其和分包、工艺以及建筑材料的关系更为密切，将在第三章中作进一步讨论。

一、建筑成本明细

建筑成本由材料费、人工费以及必要的设备费构成。和工作现场相关的企业管理费用也需要纳入项目管理的范围，另外还应包括和总部运营有关的附加费用。图 2-1 显示的了上述成本费用的层次关系。

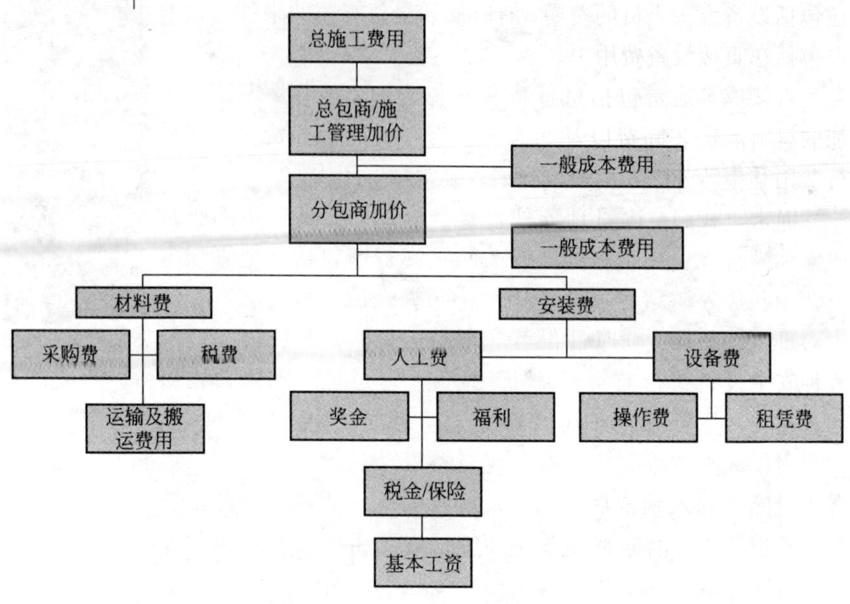

图 2-1　施工成本层级图

材料费是所用成本费用里构成最简单的。首先是以材料直销价直接采购材料的费用。其次是地方和国家两级的税费。再次是支付运输装卸费，以解决运输、储存，甚至安全问题。如果合同双方均为美国国内的当事人，在初期采购时一般不涉及运输装卸费的问题，但在边远地区或美国境外，运输费、装卸费，以及其他常规费用有可能超过购买材料的费用本身。

安装费包括人工费和设备费。人工费又包括直接人工费用和所谓附加费用，直接人工费用包括基本工资以及和基本工资有关的各种税费和保险费，附加费用种类繁多，例如为职工提供休假和其他福利的费用。其他一些额外费用也可能和人工费有关，例如加班费，边远地区津贴，交通费、住房供给费以及生活补贴。因为工人使用设备能提高工作效率，所以设备费通常被看作人工费的衍生。当然，也有设备本身产生的直接费用(不论这种费用是以折旧还是租金的形式表现出来)，另外，设备费还包括设备操作工的费用，某些情况下还包括设备维护人员的费用。有时候和设备有关的来往运输费也包括在直接设备费用中。

直接成本通常包括材料费和安装费。在某些情况下，附加的材料运输装卸费以及和人力管理有关的额外费用，如旅行费用和生活补贴，会被单独纳入到常规费用内。

通常，我们把因管理各种要素是否正常运转产生的管理成本称为常规费用。和区域有关的常规费用包括外地管理人员费用和额外聘请专家的费用。这两类人员一般为兼职，负责对进度、工程、临时性设备、小型工具、临时性物件以及各种安全设备进行监管。另外，债券、许可证和保险费也被列入常规费用项下，并在该项下分摊到项目中。如前所述，一些附加成本如临时住宿费、旅行费以及其他和人工有关的费用可能被列入到常规费用中。所有的承包商和分包商都要产生常规费用，有时候，分包商的常规费用被列入分包商成本；对那些较大的工程来说，主要分包商的常规费用可能被列入总包商总体费用或者建筑经理的常规费用中。一些设备和服务费用，如临时电力供应费，则由所有承包商分摊，但例如工作现场拖车和现场贮存费用，很容易由总包商分摊到每个分包商头上。

另外，还有一部分附加的成本值，包括和每个承包商办事机构相关的一般管理费用以及利润，其中，一般管理费用又包括支付给总部员工的工资，保险费用，以及总部的各类日常花费(招聘费、营销费、广告费等)。根据每个项目风险程度的不同，也可以提取一定的风险留存金，作为常规费用和/或附加成本值的一部分。

为什么成本差别各异

原材料的直销价格受其可供应量和市场供求关系的影响。可供应量还可能影响到需要的营建时间，进而极大地影响到整个施工。举例来说，可能产生计划外的施工费用。正如已经提到过的，运输和装卸费用，特别在边远地区，可能对材料费的多少造成极大影响。特殊的项目要求，比如美国销售法案和其他与购销有关的因素，都可能因限制竞争而使成本极大提高。各种各样的销售税、进出口关税以及其他特殊的费用也会间接影响材料费用的多少。

影响安装费用的因素更加复杂。劳动生产率的高低是影响安装费用的主要因素。在工资率低的地区，劳动生产率普遍也很低，因此尽管支付的工资费用低，实际单位安装费用也可能相对较高。税费和保险费对人工费的影响也很大。有些工作，比如爆破，因为风险很大，需要缴纳高额的保险费用。另外，承包商的安全生产记录也会影响保险费的多少。工作条件，特别是和技术创新有关的东西，也会对劳动生产率产生巨大的影响；除此以外，需要考虑的因素还有进出工地的通道、堆放材料的地方、搭建脚手架的地方以及处理业务所必需的办公区域。施工计划分支也会降低劳动效率，阻碍工作进程，还可能造成在同一时间同一地点并行好几项工作。不管从直接成本还是间接成本的角度来看，设备费的差别都很大。例如，对于某些共用的设备，比如起重机，传送设备，甚至一些重型运输车辆，怎样合理安排使用并进行有效管理，都会极大影响到安装过程中的设备成本费用。

工地现场的复杂性、远近程度以及市政服务的可供量影响着常规费用的多少。对进出工地的通道和安装方面的整体性安全要求可能是最大的问题。业主还可能对工地的使用以及垃圾灰尘的清扫等问题做出规定；所有这些都间接影响成本。

其他的附加成本源于市场竞争和项目风险。在竞争激烈的时期，一般管理费用和利润的提取比例会有所缩减；在竞争相对缓和的时期，上述费用会趋于增加。风险一直是影响成本的重要因素，但因为每个承包商对风险的理解不同，致使风险很难预计。业主的担保需求间接影响着项目风险，这类风险涉及支付或履约担保，在实际操作中可能从一个分包商转移到另一个分包商。有些业主则相信担保越多越能得到保护，甚至为此忽略了价格因素。

显然，对这些问题认识如何，处理是否得当，都极大影响着成本。运用一套有效的成本管理体系来处理这些问题包含诸多方面，制定初期预算并在整个项目过程中对该预算进行管理是其中重要一环。经验表明，业主及其业主代表更倾向于放大风险控制，并通过预防非项目风险来转移风险。关键在于，转嫁风险的成本和因此而获得的收益总是不成比例的。

二、成本构成

在前文中，我们按照实际工作情况对成本进行细分。但是，成本还可以首先按照产生花费的原因进行细分。资本成本通常分为三大类：场地成本、硬成本和软成本(参见图 2-2)。

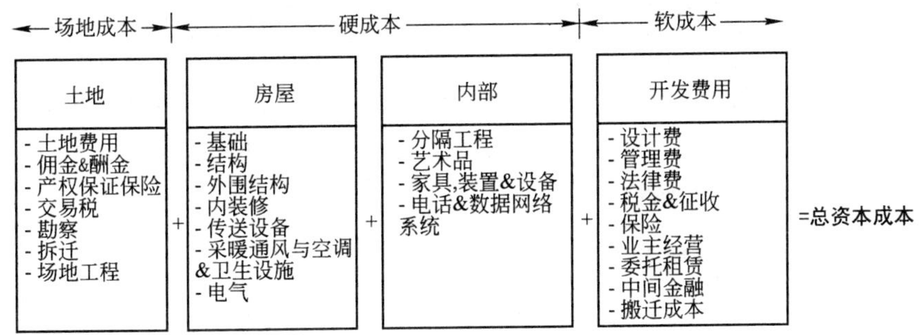

图 2-2　资本成本构成

1. 场地成本

场地成本通常和初期要求以及作为建筑工程场地的土地开发有关。和购买土地费用相关的有佣金和固定费用，以及各种保险费和税费。通常在作场地初期准备的时候会产生一系列工作场地成本；这些费用包括调查费、拆迁费、环境影响声明费、特殊课题研究费，以及道路开发、设施准备和场地奠基的费用。这些费用有时候可能产生于建筑项目开发之前。在另外一些情况下，此类费用的大部分可能直接列入到建筑项目成本中。

2. 硬成本

根据项目性质的不同，硬成本可以细分为两到三类。建筑成本包括与内部和外部相关的结构、分隔、基础设施，有时还包括公共空间的开发和建设费用。建筑成本也可以细分为外部成本和开办成本，其中开办成本包括做内部装饰、机械电气保养等工作的花费。硬成本的另一个主要组成部分是用于家具、附件、设施(消防灭火)以及一些专门机械电力服务的一组费用。这些费用一般不列入直接建筑成本合同中，而常常由业主直接采购。

属于硬成本的还有建筑试运行费用，近年来业主日益重点强调建筑试运行。从本质上讲，建筑试运行包括启动建筑系统，培训操作人员，移交工作手册以及准备建筑物管理软件等内容。迄今为止，建筑试运行都只适用于非常复杂的建筑物，如实验室或晶片加工厂等，但更多的业主对制定独立的建筑试运行程序越来越感兴趣。建筑试运行协议可以作为建筑及装修合同的一部分，也可以作为单独的合同由完全独立的承包商完成。

3. 软成本

各种各样的软成本均由业主承担：设计费、管理费、法律事务费、税费、保险费、业主管理费以及一系列融资理财方面的费用。拆迁费和其他与租赁有关的费用也可能被列入软成本中。

所有与设备初期开发有关的费用都称作资本成本。从成本管理的角度来看，比例过大的资本成本可能完全超出成本管理者的控制；经验表明，很少有业主采用完全相同的成本分摊方式，这意味着对有些费用的成本分类很可能不恰当，有些费用甚至可能根本没有列入成本。举例来说，有的业主可能花费相当多的时间和精力去评估和预算某些显眼的花销，而对其他不怎么“看得见”的费用则很少给与关注。这里要提醒成本管理者的是：在给自己直接管理的项目做预算时，应保持谨慎勤勉的态度，同时确保业主对其他费用做出正确的预算和管理。否则，一旦业主将资本成本分摊完毕，而后发现某些费用成为预算漏项，业主会强行削减其他费用用以补偿。这样一来，因为对软成本的预算不充分，很可能削减硬成本作为补偿。

三、硬成本分摊

成本分为人工费、材料费和设备费，对大多数类型的建筑来说，这三者的比例基本上是一定的。上述关系参见图2-3。但是，建筑类型却影响到成本在主要建筑要素之间的分摊。首先，每一种建筑类型的成本千差万别；其次，对每一幢建筑的系统要求差别也很大。例如，按照质量和性能要求，一栋办公楼的造价普遍在每平方英尺 80 美元到 150 美元之间，相比之下，同样基于质量和性能的要求，一栋实验室大楼的造价可能在每平方英尺 150 美元到 400 美元以上。

提示
成本分为人工费、材料费和设备费，对大多数类型的建筑来说，这三者的比例基本上是一定的。

分　项	估价基础	近似百分比
材　料	数量＋损耗×单价	55%
现场人工	工时×工时工资	30%
设备机具	类型＋台班数×台班费＋安拆费	3%
现场监理	数量×月份	3%
现场管理费	类型/成本	5%
企业管理费	百分比	1%
利　润	百分比	3%

图 2-3　建筑成本近似分配表

显然，对成本的分摊也会因此而有所不同。为了直观地说明这个问题，图 2-4 参考 R. S. Means 出版的《单位面积成本(2000)》一书所载数据，对办公大楼和公寓楼的成本进行了比较。请注意，公寓楼和办公楼每平方英尺的近似造价(仅限内和外部分)相当接近，每平方英尺大约都为 90 美元。但是，成本在建筑分项之间的分摊却截然不同，其中两个分项的区别最为明显。其一，因为载荷高跨度大，办公楼上部构造的成本要高于公寓楼上部构造的成本。其二，内部成本的分摊也有所不同，办公楼只有内外两部分，因此其内部成本都用于公用区域。

	建筑分部	公寓建筑 15 层—162000 平方英尺	办公楼 15 层—140000 平方英尺（内外）
A. 10	地基	$1.05	$1.64
A. 20	基础	—	—
B. 10	上部机构	11.95	16.28
B. 20	围护结构	8.89	13.16
B. 30	屋顶	0.26	0.39
C. 10	内部结构	13.94	2.76
C. 20	楼梯	1.04	1.44
C. 30	内部装饰	10.20	10.10
D. 10	传送设施	5.64	6.53
D. 20	卫生设施	8.06	1.48
D. 30	空调	9.12	11.64
D. 40	消防	2.01	2.89
D. 50	电气	6.62	9.27
F. 10	特殊工程	1.92	—
Z.	常规费用	12.11	11.64
	（场地工程除外）	$92.81/平方英尺	$ 89.22/平方英尺

资料来源：R. S. Means《单位面积成本(2000 版)》。

图 2-4　建筑成本花费一览

有趣的是，根据图 2-4，办公楼和公寓楼内部装饰的成本分摊相当接近。这是因为公寓楼的内部装饰面积虽大，但质量要求一般为中等，办公楼的内部装饰质量要求虽然很高，但只包括公用区域。这表明虽然成本主要受功能性要求的影响，在对其进行解释说明时也应该多方留心。因为功能性要求不同，这两类建筑的其他要素，如卫生设施等，其成本分摊也不同。对于公寓楼来说，固定设施的要求很高，而办公楼对固定设施的要求要相对低一些。

即使是类型相近的建筑，因为规划和/或性能要求的不同，其分摊到各个要素的成本也会有所不同。对于实验室来说，如果对控制、过滤、清洁方面的要求极其严格，其机械方面的成本也可能超过每平方英尺 150 美元。

因此，成本管理者必须注意到潜在的因功能要求不同所导致成本分摊的多样性。举例来说，如果机械方面的成本占到整个项目成本的40%～50%，成本管理者就应当对相应的初期预算和成本管理活动给与更为密切的关注。对项目/规划要求的阐述也应当尽量精确，以保证成本管理的正确性。

四、影响建筑成本的因素

在第1章中，我们介绍了建造内容、需求和预算，并通过强调三者的关系，提出了协调一致的概念。我们还强调应当关注影响成本的因素，指出在整个工程期间作出的20%的决定会对80%的最终成本产生重大影响(佩瑞多定律)。显而易见，有效的成本管理依赖于对影响建筑成本的主要因素进行控制。

1. 建造内容

首当其冲也是最为基本的影响建筑成本的因素是建造内容。随着建造内容的增加，成本一般也会相应增加。其取决于建造内容的空间规划，即某些需要花费时间和精力加以控制的要素。例如，20世纪80年代末，一个有名的私人建筑业主请人对与建造内容有关的趋势和形式，特别是和总体面积有关的问题进行研究。研究选取了大约50个项目，对项目初期预算时的面积和竣工后的实际面积进行了比较。结果发现，建筑面积的平均增长率为11.5%。在这种情况下，建筑成本以大约相当的数量增长是不足为奇的。有趣的是，许多预算在整个项目建设过程中没有显示增长，这表明为弥补建筑面积的增长成本，其他方面的开支有所削减。但很多情况下削减其他方面的开支可能导致建筑性能的降低。

研究表明，为满足对建筑多方面的需求，扩大建筑面积是绝对必要的，但实际上，不论有无这方面的需求，大多数预算都没有为建筑面积的增长留下空间。为保持预算平衡，多数做法是牺牲建筑性能，削减其他方面的开支。即使这样也有难度，因为公司财务制度的限制，要想增加预算是非常麻烦的。

必须指出的是，前面提到的研究没有深入到研究建筑项目中细节的层面，因此产生这样的问题：为弥补建造内容增加而对其他方面的开支进行削减是否会对建筑项目造成长期影响？对成本管理者来说，关键问题是建造内容必须得到控制并准确溯源。一方面，如果项目需求有所增加，或没有得到正确的反映，建筑体量必然会有所扩大。另一方面，如果削减其他方面的开支严重影响到建筑项目的预期目的，这种“拆东墙补西墙”的方法就不太明智了。显然，建造内容管理是成本管理的基本要素，如果建筑内容的设定不妥当，哪怕对项目进行重新计划和重新规划也是必要的，这比之在设计阶段再来改正计划和规划失误要好得多。

2. 需求

管理成本相关的质量和性能需求比建造内容管理复杂得多。为方便读者，我们将影响需求的因素分为以下五个主要方面：

- 地理位置因素
- 设计因素
- 品质和性能因素
- 法律法规因素
- 市场和经济因素

(1) 地理位置因素

影响成本的地理位置因素包括所在地情况和现场条件两部分。其中，所在地情况影响劳动生产率，原材料成本，以及各种和城乡差别有关的成本开支。地方气候也对建筑材料及基本施工方法的选择造成很大影响。场地条件更是和进出交通、水电供应直接相关。一些大型建筑场地，比如校园和军事基地，需要很长的水电供应线路以满足建筑需求。对此花费的成本可能远远超出项目其他方面所花费的成本。

现场条件包括基本地形和环境。基本地形决定着地基处理和铺设水电线路开挖调配的土石方。环境因素也对成本造成直接或间接的重大影响，特别在一些方面需要承担减少对环境的不良影响的情况下这种效果更甚。保水要求和湿地的处理同样会对成本和场地基本设施供应造成重大影响。显然，如果场地上有岩石或是其他难以开挖的土壤也会直接影响到场地处理成本，并影响到建筑地基位置的最终选择。

提醒！
投入场地勘察的费用一定会带来数倍的回报。

究竟这些因素对成本管理意味着什么？当然，这些因素大部分很难预计、管理和纳入预算。但经验表明，提前对场地条件加以关注，进行适当勘察，并投资进行必要的土工作业能减少相应风险。不幸的是，业主通常都会对这一期间的技术服务开支精打细算，以节省为数不多的几美元，殊不知却可能造成后期成本增加，并导致规划方面的问题。进行适当的建筑场地勘察必然得到丰厚的回报。而另一种做法是，成本管理者选择将附加风险分散到和场地相关的事项中，但业主很可能并不赞同这一做法。

(2) 设计因素

设计者直接或间接地控制着影响成本的许多因素。这些因素有些显而易见，有些则容易被人忽视。首先是设计外形，设计外形直接关系到基本规划的联结形式和建筑形式。从成本的角度看，最简单的楼房外形是四方形的造型，但从建筑艺术的角度讲，四方形的造型可能显得过于单调而不被接受；设计者因此可能通过多种造型结合的方式来增强建筑物的外观效果。图 2-5 展示了一个非常简单的例子，说明设计外形对

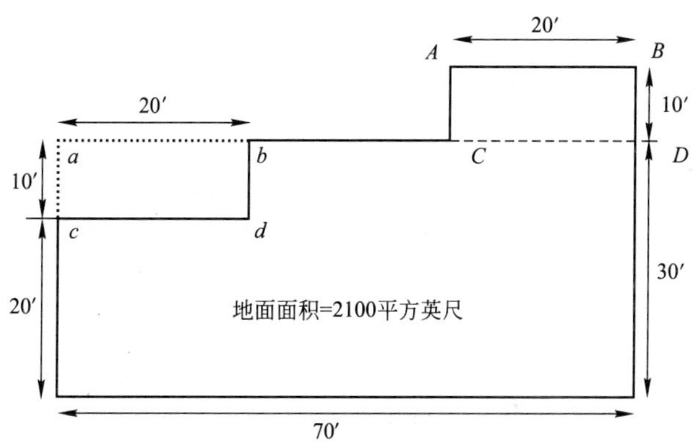

图 2-5 造型规划实例

成本所产生的影响。一个基本的方形设计(包括槽口)其周长为200英尺，如果增加一个槽口，一个“凸块”，周长则增加10%，扩大为220英尺。如果地面面积保持2100平方英尺不变，在周长增加10%的情况下，墙体表面积也会增加10%，墙体成本也会因此增加10%。另外，转角则从四个外角增加为六个外角，加上两个内角，一共是八个。一般情况下，凡是涉及转角的地方，材料的利用率就相对低，而对人工的要求则相对高，每个转角都会导致成本的一定增加。因此，设计者强调追求美观，但也会因此增加成本。

因此为满足设计外形和外观表现力的要求，在设计过程中需要进行正确的预算和控制。如果一种形式特别复杂，例如包括阴影线、槽口和扩充部分，对建筑外观形式的表现非常有利，但却相应地增加了成本。这种情况在对建筑外表面质量要求极高的工程中尤为典型，比如采用玻璃表面或石质表面的建筑，工艺水平因此显得特别重要。另外一个有关的因素就是要涉及到维护性能和寿命周期性能，此内容将在下一章中讲述。

建筑物体积越大，其表面积和封闭空间之间的比率就越小；因此，一些固定的因素，如电梯，其成本可以被分摊到更大的面积中。建筑物的总体大小显然也影响着建筑成本；建筑物越大，外周长和封闭空间的关联就越显著。这种关联影响着很多建筑系统，多数系统组成部分之间的相关比例会随着建筑物的扩大而改变，建筑的平面形式对此影响更加明显。

通过图2-6的普通例子对这种关系进行了说明；表中以一个仓库为例，对简单形状的仓库和一次性增加了两个储存间(装卸平台)从而大小增加一倍的仓库进行了比较。评估中很多项目和开间的数量有关，其他项目则和建筑大小直接相关(地面板)。根据图2-6显示的数据，随着建筑物面积的增加，每平方英尺的成本显著降低。建筑物面积为1800平方英尺时，每平方英尺的成本为48美元多一点；建筑物面积扩大到2700平方英尺，成本则降低到每平方英尺45美元；建筑物为如下三种不同面积的仓库制定估价。计算中，可使用如下表格中提供的复合单价：

墙基	$ 30.00 英尺
柱基	$250.00 每个
地板	$ 5.00 平方英尺
钢结构和钢制平台	$ 10.00 平方英尺
墙板（15 英尺高）	
—前部	$ 20.00 平方英尺
—侧面（承重部分）	$ 15.00 平方英尺
—后部	$ 10.00 平方英尺
装卸平台	$1500.00 每个
屋顶	$ 5.00 平方英尺
挡石片和托板	$ 3.00 平方英尺

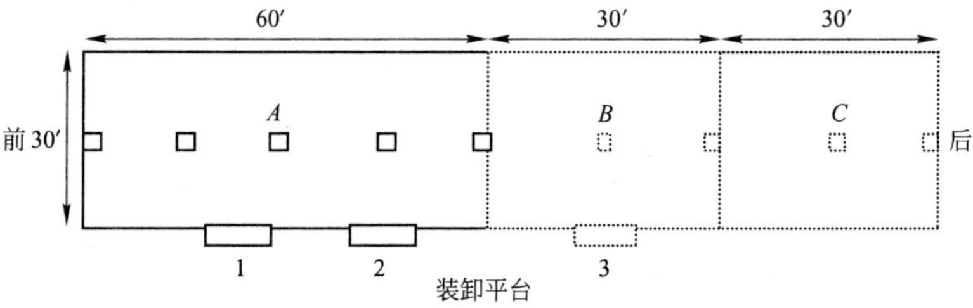

计算(A)、(A+B)、(A+B+C)框架总成本，制定单位面积成本费用并绘制示意图

A					A+B		A+B+C	
分项	工程量	计量单位	数量	成本	工程量	成本	工程量	成本
墙基	30.00	英尺	180	5400	240	7200	300	9000
柱基	250.00	每个	5	1250	7	1750	9	2250
地板	5.00	平方英尺	1800	9000	2700	13500	3600	18000
钢结构和钢制平台	10.00	平方英尺	1800	18000	2700	27000	3600	36000
前部墙板	20.00	平方英尺	450	9000	450	9000	450	9000
侧面墙板	15.00	平方英尺	1800	27000	2700	40500	3600	54000
后部墙板	10.00	平方英尺	450	4500	450	4500	450	4500
装卸平台	1500.00	每个	2	3000	3	4500	3	4500
屋面	5.00	平方英尺	1800	9000	2700	13500	3600	18000
挡石片	3.00	平方英尺	180	540	240	720	300	900
				86690		122170		156150
				$48.16		$45.25		$ 43.38

图 2-6　建筑物尺寸因素对成本的影响

面积扩大到3600平方英尺时，成本进一步降低为每平方英尺43美元。建筑物扩大一倍，成本降低10%。这一比例关系并非适用于所有建筑，但至少表明当建筑面积增加时，其单位面积成本有下降的趋势。

基于建筑大小和规模，建筑高度也影响着建筑成本。这是因为某些成本会随着高度的增加而相应增加(如结构)，还因为规范对高度不同的建筑做出了不同的规定。图2-7显示了当楼层数量增加，也即建筑高度增加的时候，建筑成本变化的一般模式和趋势。需要注意的是，如地基、屋顶和地下室等

分项工程	随建筑高度增加，每平方英尺房屋总面积（GFA)会：		
	增	减	不变
A. 10 地基		✓	
A. 20 基础		✓	
B. 10 上部结构	✓		
B. 20 外墙	✓		
B. 30 屋顶		✓	
C. 10 内部工程			✓
C. 20 楼梯	✓		
C. 30 内部装修			✓
D. 10 传输设备	✓		
D. 20 卫生设施	✓		
D. 30 采暖通风与空调	✓		
D. 40 防火	✓		
D. 50 电气			✓
F. 10 特殊结构			✓
Z. 常规费用	✓		
G. 场地工程		✓	

图2-7 建筑高度变化对成本的影响

一些要素，其单位成本会随着建筑高度的增加而降低，这是因为这些要素的相关比例降低了，其每单位面积成本也同样会降低。随着建筑高度的增加，有些要素变得更为重要，如上部构造、楼梯以及运输装置，这些要素的成本就会随之增加；另一些要素，如卫生设施和采暖通风与空调设施，其技术要求会随着建筑高度的增加而变得越来越复杂，这些要素的成本也会因此而增加。随着建筑高度增加，外墙的复杂性也略有加大，因此，外墙也是一个成本随高度增加而增加的要素。

由于某些要素更多地依赖于建筑内部功能，其成本不会随着建筑高度的增加而增加。这些要素包括内部工程，内部装饰和电气设备——尽管根据电力供应方式的不同，电气设备成本在某种程度上也受到建筑高度变化的影响。一般情况下，随着建筑高度增加，建筑平面面积减少，场地工程也会相应减少；但在因高度增加而对建筑场地工程提出附加要求的情况下，这种关系会发生变化。在场地有限的情况下，可能会需要修建地下停车场，这显然会增加建筑总成本。另外，由于堆放材料的区域、搭建脚手架的区域、进出工地的通道受限，加上把材料进行垂直运输比进行水平运输更加困难，常规费用也会随之有所增加。由于建筑高度对建筑整体成本势必造成影响，成本管理者在预算和整个成本管理过程中必须将其列入考虑范围。

空间的利用率也是一个极为重要的因素，不仅影响建筑整体成本，还影响每个用户的支付成本。前面我们讨论了和建造内容有关的一些问题，这些问题主要和总面积有关，而空间利用率的问题则更多地与净面积有关，涉及到怎样通过设计提高空间利用率。图 2-8 列举了一个简单例子。请注意尽管单位总面积的成本保持不变，5％的空间利用率差异将导致 6％的净单位面积成本的差异。但在实践中，能对某个特定的形式和性状的项目进行净面积的规划比较困难，建筑总是在变化。因此，成本管理者应当使用类似建筑的空间利用率来估算管理中项目的实际空间利用率，并以此估算成本。

	总建筑面积	单位面积成本	使用面积系数	使用面积
A办公楼	140000 平方英尺	85.00	80%	112000 平方英尺
B办公楼	140000 平方英尺	85.00	85%	119000 平方英尺

单位使用面积成本？

A = $ 106.25

B = $ 100.00

图 2-8　建筑使用效率实例

(3) 品质和性能因素

如前面提到，质量和成本的关系(图 2-9)是非线性的；例如，质量提高 10%并不意味着成本也将随之增加 10%。理解这一点对实行有效的成本管理非常重要，因为选择什么样的

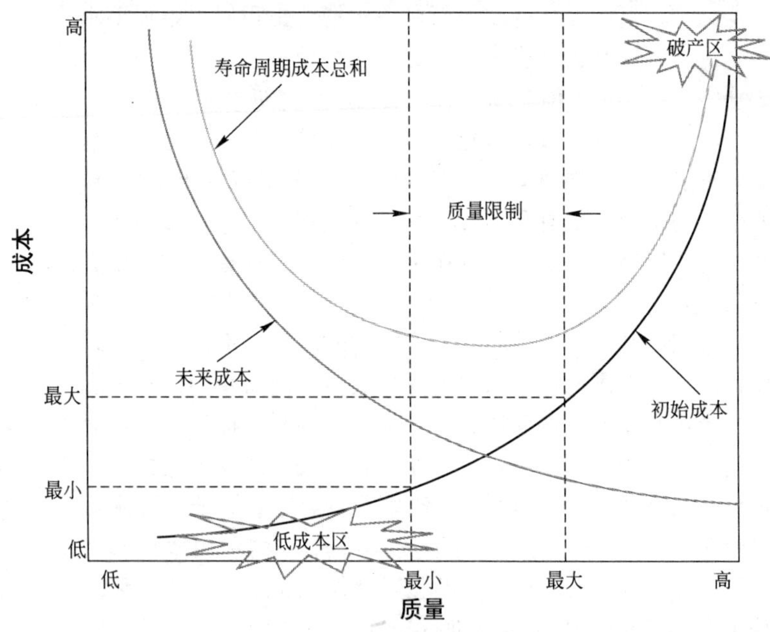

图 2-9　质量和成本之间的关系

建筑材料和系统对成本的影响很大。特别在预算和成本管理过程充分考虑业主需求的情况下，这一点尤为重要。业主一般会提出质量方面的最低要求，希望营建好的建筑至少能到达这一底线。出于提供更好服务的愿望，设计者在满足这些最低要求的前提下，大都会设定更高的质量和性能要求。如果建筑质量能提高10%而建筑成本基本保持不变，业主当然求之不得。对某些项目来说，这种情况是可能发生的，但在现今复杂的建筑环境下，如果质量和性能提高10%，成本通常会增加10%以上。而且，更高的质量和性能并不总是带来更多的回报，为提高质量付出的代价可能和得到的收益不成比例。在不必要的地方提高质量和性能往往并不能带来什么好处。这个问题将在第3章价值管理一节中详细讨论。

有趣的是，设计者超过业主质量要求的现象在许多设计一竞标一施工项目中很常见，这是因为如果没有重新设计的条款，设计者对建筑最终成本不需要直接承担风险。对于设计一施工项目，如果要求进行重新审查，这种现象就很少出现了；实际上，现在又出现了一种相反的趋势。在成本因素被优先考虑的设计一施工项目中，设计者一般都紧贴着质量要求的最底线进行设计。如果业主特别关注成本，设计者甚至会将质量要求降到底线以下，以使自己的设计在成本方面更具有竞争性。这个问题较为复杂，将在第5章的发包方式对成本管理产生的影响一节中详细讨论。

图2-10对影响建筑成本的主要因素进行了总结，并指出了主变量和各种次变量。通过该图，成本管理者能够对什么是影响成本的因素，什么是需要检查的项目等问题有更为清晰的了解。这些问题将在第5章中作详细讨论。

（4）法律法规因素

法律法规因素也影响建筑成本。承建方式的选择通过各种方式影响着建筑成本。不管发包方式是设计一竞标一施工、设计一施工，还是担风险的施工管理，如果业主将项目经理作为代理人，初期预算和成本管理过程就会受到影响。选择

分项工程	主变量	次 变 量
A. 10 地基	底层平面面积	土体情况，现场规划，地下水位，地震带，负荷重量，土壤处置，地基板规格
A. 20 基础	基础体积	土体情况，土壤处置，地下水位和水量，基础深度，土壤持水量类型，地震带
B. 10 上部结构	楼面和屋面的支承面积	楼层层数，楼层高度，建筑构造，载荷，跨度开间大小，屋面类型和开口，地震带，综合平均压力，面层类型
B. 20 外墙	外墙面积	外窗及大门面积和类型，隔声隔热需求，地震带
B. 30 屋面	屋面面积	屋面构造和类型，开口类型和数量，隔声隔热需求，安装玻璃面积
C. 10 内部工程	总楼面面积	净高，隔断/内墙密度，机动性，安装玻璃面积，特别部件
C. 20 楼梯	楼梯段数	楼层高度，防火条例，楼梯类型
C. 30 内部装修	总楼面面积	净高，封闭空间面积以及装修空间，顶棚类型，其他特别装修需求
D. 10 传输设备	层数	容量和速度需求，驱动系统类型，楼层层数，建筑用途
D. 20 卫生设施	设施密度	建筑用途，层高，屋面面积，建筑构造，特别系统需求
D. 30 采暖通风与空调	冷热负荷	建筑用途和方向，建筑面积和体积，建筑构造，层高，保温需求，散热和保温，当地气候
D. 40 防火	防火面积	楼层层数和层高，防火和保险条例，内部构造
D. 50 电气	联结载荷	建筑面积，楼层层数，建筑用途，备用需求，照明水平，动力供应和配电系统
F. 10 特殊工程	工程功能	特殊的用户需求
Z. 常规费用	工程价值	工期，临水临电可供应量，现场搬运和存储，保证和保险需求，利率，市场情况
G. 场地工程	场地工程面积	场地配置和水平，平整面积，特别需要，拆除，土壤处置和压实，土体情况，外部照明和设施，地形

图 2-10 影响建筑分项成本的因素

不同的发包方式，风险也相应发生不同方向的转移，而风险是成本的一个主要决定因素。

判定一份建筑合同，也会影响预算和成本管理，合同判定几乎可以在项目过程中任何时候发生。首要的问题是业主是否愿意在施工文件齐全之前对合同进行判定。按照惯例，依靠最初阶段的施工文件对合同进行定价需要一定的议价技巧，而最终确定的施工文件则可以进行总价投标。

使用以下两种基本方法之一，就能在设计工作完成前锁定合同价格。首先，可以制定初期设计的表格和文件，包括初步规划的建筑内容和性能等内容，或可先完成65%的设计。如果一份合同如此处理，其价格通常被称为包干总价(GMP)。如果最初提供了极少的文件并确定了包干总价，在合同履行过程中往往会需要进一步商讨，以确定一个固定的合同价格，或确定最终包干总价。在某些情况下，为确定最终价格，业主可能委托项目经理公开招标，选择独立的分包方。

第二种方法是在建造内容完备文件的基础上，将工程细分为明确的子项目，独立招标，确定总价。细分后的子项目可以是一系列连续的工作分部(例如，场地工程、基础、结构施工等)，也可以打包后同分包签订合同。在一些国家和大城市中，某些情况下这些打包项目完全可以签订独立的主合同和附合同。但无论如何，最终成本要等到所有的分包项目都招标完毕才能确定。

显然，选择发包体系是成本管理过程中的重要环节，特别在已经和业主商定了包干总价的情况下，这一选择尤为重要。在初期预算和后续成本管理活动中，成本管理者应当仔细考虑合同形式、谈判方法、招标技巧、营建体系等问题。第5章将对此做出详细论述。

成本管理者还应当注意另外一个非常微妙但又非常重要的问题：业主怎样看待成本管理和成本管理政策。正如Hanscomb公司前总裁Brian Bowen所说，“业主允许花多少，建筑成本就有多少”，意思是如果业主对成本管理的态度很宽松，成本就肯定会增加。相反，如果业主对成本非常在意，对成本的管理就会趋于严格。在整个项目过程中，有的业主可能认为在整个过程中基建成本就是一个简单的排列项。而有的业主则会背着项目设计者作一些幕后的调整和平衡。无论如何，向业主灌输成本管理意识，并表明为其精打细算的态度是非常重要的。

(5) 市场和经济因素

尽管设计者、业主、项目/建筑经理尽了最大努力控制建筑成本，当该说的说了，该做的做了以后，市场和经济情况可能凌驾于所有的因素之上，对建筑成本造成决定性的影响。市场变化对成本造成的影响可能达到 10%～20%，在经济动荡的年代影响更甚。整体经济状况，特别是国内生产总值(GDP)，会影响建筑价格。图 2-11 引用 R. S. Means 公司出版的消费者价格指数(CPI)和建筑指数，标示了 1977 年至今通货膨胀的情况(注：这些指标是通过工资信息和材料成本的“输入”而做出的，因此并不直接反映受供求关系影响的市场因素)。这两项指标的起伏非常相似，表明建筑业的通货膨胀一般是随总体经济的通货膨胀而发生的。

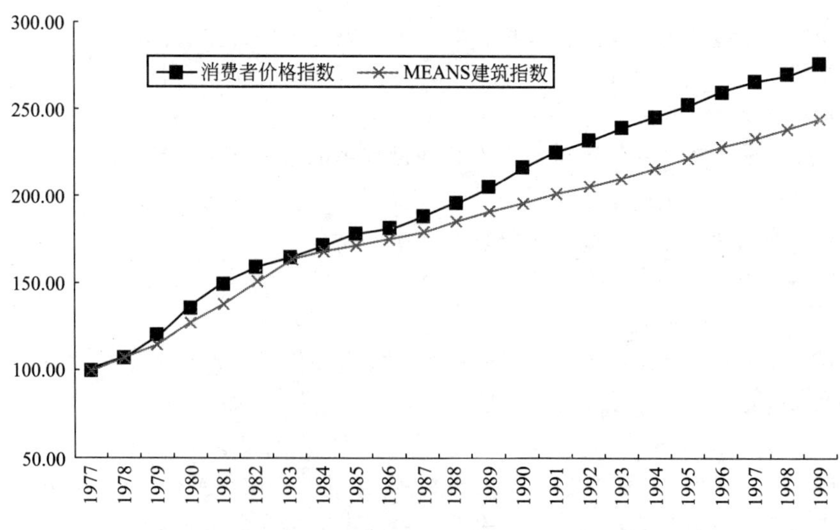

图 2-11　市场通货膨胀指数(以 1997 年为基数 100)

同样，市场情况也随整体经济的涨落而涨落。图 2-12 显示了 GDP 以及上述两项指标历年的变化情况。可以清楚看到，当经济低靡时，通货膨胀指数并不一定降低；在某些方面，反而会趋于上升。在经济萧条或发展缓慢的年代，因为需求下降，价格也有所下降；相反，在经济繁荣年代，价格会随需求的上涨而上涨。图 2-13 通过展示受投标方数量影响的标价，显示了竞争对价格的影响，这一判断始于 20 世纪 80 年代末，由美国工程军团制定，至今依然有效。通过该表显示数据我们看到，当投标人数量增加，价格降低；相反，当投标人数量减少，价格升高。在进行该项研究的时期，最佳投标人数量是七个。分析表明，如果只有两个投标人，价格会升高 15%；如果更多的人参与投标，价格会降低 10%。在公开招标项目中，以上情况得以反复验证。尽管用这个例子来说明竞争不很准确，但我们至少可以得出这样的结论：不论竞争激烈与否，上述关系是一定的。

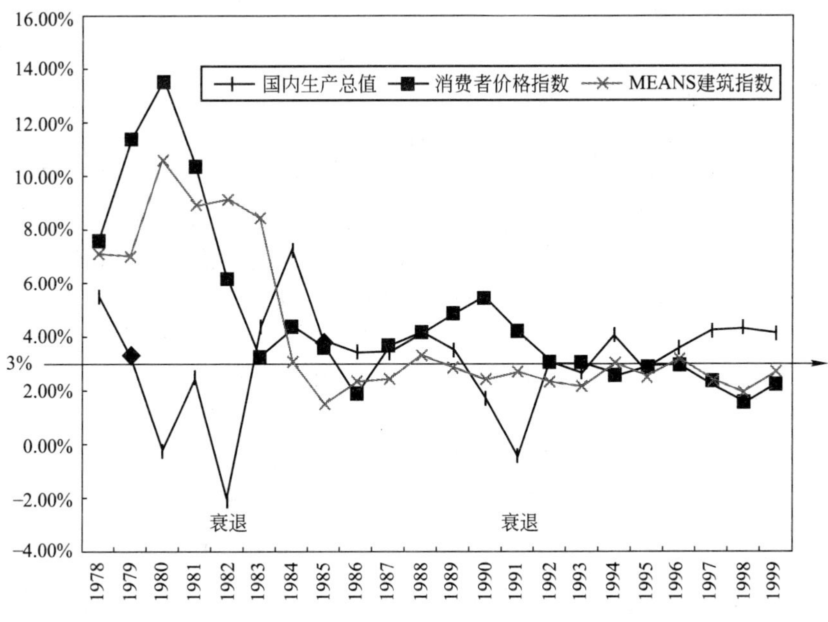

图 2-12　历史指数（每年变化的百分比）

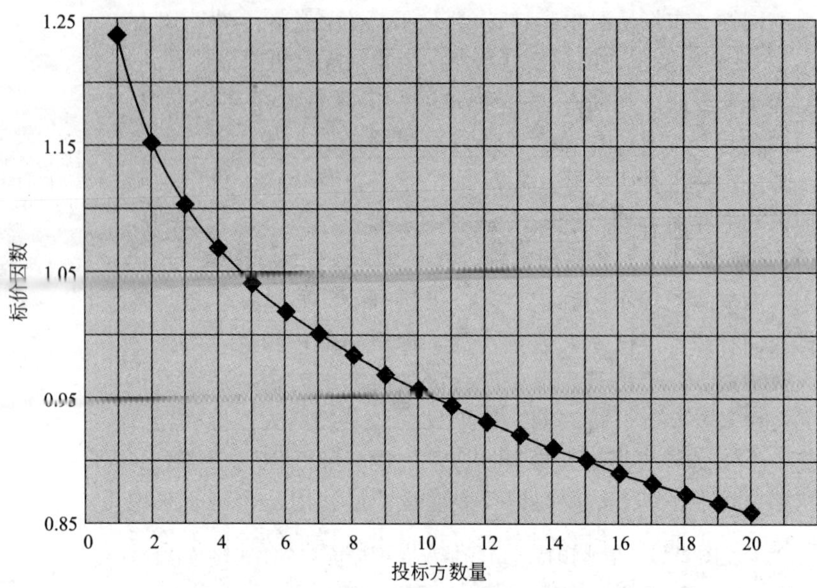

图 2-13　竞争对标价的影响(引自：《面积成本要素研究》，美国工程军团)

Hanscomb 公司曾经对华盛顿特区的市场情况进行调查，研究实际中标价格和所谓公平市场价值之间的关系(见图 2-14)。通过该表，可以看到什么是合理的人工成本、材料成本以及附加成本估价。20 世纪 80 年代末是经济繁荣的年代，这一期间求大于供，以致中标价格比公平市场价值高出 10%～15%。而在 20 世纪 90 年代早期，经济突然下滑，建筑需求也随之下降。建筑价格在短期内迅速下降，低于公平市场价值的 10%～15%。这种情况持续了很多年，直到 20 世纪 90 年代末期，建筑界才恢复正常，中标价格再次开始超过公平市场价值。

成本管理者从中获得的教益有两方面：时刻提醒自己市场因素是不断变化的；在使用历史成本数据(基于投标)作通货膨胀方案以及仅仅根据通货膨胀指数调整价格的时候要特别小心。想一想当年几个政府机构使用 20 世纪 90 年代早期的投标价格为 20 世纪 90 年代末期的工程项目作预算，而且仅依据通货膨胀指数对成本进行调整的事件后果。事实证明，这

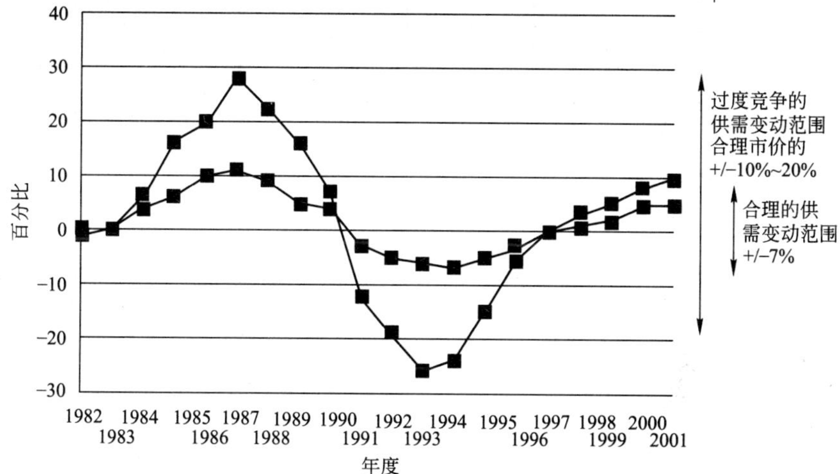

图 2-14　华盛顿特区市场情况：中标价和公平市场价格之比较

引自：HANSCOMB 公司

项预算的不充分率为 10％～15％，因为市场情况是不可比的。我们将在第 4 章中继续讨论这个复杂的问题。

五、小结

实行成本管理的重要步骤之一是了解建筑经济学基本知识。建筑项目非常复杂，涉及方方面面。本章主要讲述的内容是：直接或间接影响建筑成本的因素；建筑成本的主要组成部分。

下一章将向读者介绍成本估价的方法，主要内容包括成本预算以及在设计和建筑框架内对预算成本进行管理等。成本估价是进行有效成本管理的基础。

第3章 成本估价方法论

要进行成功的成本管理，进行精准而快速的成本估价是一个必要条件。针对这个问题，已经广泛出版过了大量的书籍、手册以及教材。但简要地说，本章目的则是从成本管理的视角来探讨成本估价。为此，本章关注的是那些对成本管理进程至关重要的要素和方面。这些要点包括：

- 标准体系
- 确认影响成本的因素
- 估价的一致性原则
- 成本估价方法
- 价格浮动及或有费用
- 风险管理和内容估价
- 特别估价的挑战
- 寿命周期成本
- 价值管理

本章对这些方面进行了阐述，在成本管理的上下文中介绍了如何利用和应用这些方面的知识。

一、建立标准体系

成本估价方法中一个必需的程序就是要建立一套标准的体系框架，通过它可以对信息进行分类和管理。这套框架应在工程的寿命周期内都能适应于系统的需要，而且能满足不同观点，满足不同用户的需要。如果这套体系不能标准化，那么在项目之间，或者在同项目的不同阶段就会出现前后矛盾的情况。最后会带来混乱，结果造成失控。

一个工程信息的标准体系应该基本满足以下几方面的目的：

- 确保在项目全程以及不同工程之间的一致性。
- 为收集和管理信息提供参照构架，最后达到依靠经验获得反馈的目的。
- 为管理和技术决策提供清单。
- 在所有的专业间建立快捷的沟通。
- 作为人员专业训练的基础。
- 为自动化运作打下基础。

1. 功能周期与标准化

建筑物的建造和运作应符合如下的功能周期：规划、设计、施工以及运营，在这个期间需要有一种方法来收集越来越深入并逐步增加的数据。功能周期进程通常是以规划需求和最初预算为开端。而设计程序则是以概念方案为源头，以形成整套施工文档、规范和成本估价为结束。

之后进入营造(施工)阶段，最后进入资产管理(功能管理)阶段。这一进程对初步设计和设计阶段产生的反馈是有效管理的重要方面。其相互关系如图 3-1 所示。

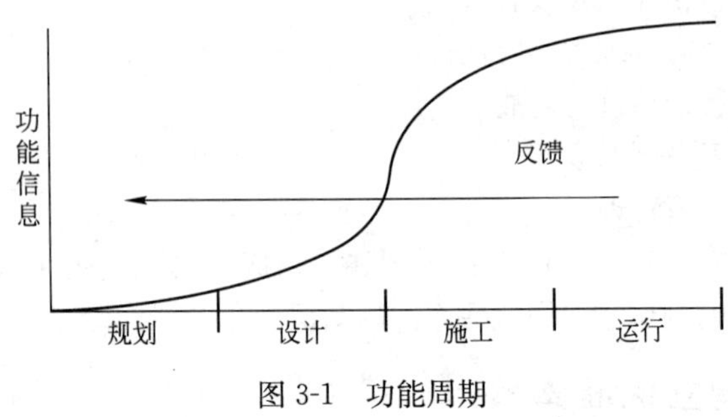

图 3-1　功能周期

在建造过程中一些主要的专业人员——建筑师和建造师，产品指定者，估价师，项目经理，总承包商，分包商和材料供应商，设计建造一体承包商，以及功能管理者等等，他们在功能周期和施工信息的使用上都有不同的角度。他们各自的需求很大程度上决定了数据的组织和表达方式。

建筑设施也因不同的构成部分而具有不同的特性。不同的特性表达了该部分如何被设计、建造的相关信息，以及包括了它的运行功能是什么。下表列出的是一些特征范例：

- 功能方面的特征。此分部提供什么功能?
- 材料方面的特征。此分部是什么材料或者由哪些材料组成?
- 安装。此分部是用什么方法来安装或者施工的?
- 位置。此分部在建筑的哪个位置?
- 尺寸。此分部的实际尺寸是多少?
- 数量。建筑物内有多少此类分部，制作此分部需要使用多少原料?
- 质量。此分部需要满足什么质量上的要求和性能，包括其实物形态、外观、性能等等?

如果成本估价和成本管理制定了一套有效的数据体系，不仅可以对建筑物的各分部的属性进行分类，更重要的是，这套体系可以把与每个属性相关的数据进行分离识别、追踪并回溯。

图 3-2 展示了不同的专业如何参考并使用建筑分部工程属性的。每个专业都有不同的重点，会采用不同的方法使用同样的信息。例如，作为结构设计的一部分，设计师关心的是功能和质量方面的属性(举例来说，什么尺寸的柱子能承受规定的荷载)。相反，承建柱子工作的分包商关心的是柱子施工的具体方法。然而，这两者都关心的是柱子的尺寸的特性，因为这一特性决定了柱子的大小和建造方法。

同样，估价师和产品指定者的角度有所不同。估价师为了估价会用柱子的尺寸和数量来计算所需的材料数量和人工。

而产品指定者则决定用于柱子施工的材料和施工方法，但是通常他不十分关心柱子的尺寸和数量。

现场工程师(或者总工)会对工作的进度全程负责，甚至负责各材料供应商和分包商的沟通问题。因此，现场工程师

专业	属性						
	功能	材料	安装	地点	尺寸	数量	质量
建筑设计师/工程师	■	■	□	■	■	□	■
产品指定者	⬒	■	■	□	□	□	■
成本估价师	□	■	■	⬒	■	■	■
价值工程师	■	⬒	⬒	□	⬒	⬒	■
总包商/项目经理	□	⬒	⬒	■	⬒	⬒	■
分包商/供应商	□	■	■	■	■	■	■
设计建造一体承包商	■	■	■	■	■	■	■
设施经理	■	■	□	■	■	■	■

图例：□ 功用低　⬒ 功用中　■ 功用高

图 3-2　建筑信息功用表

非常关心和施工进程有关的事件。另一方面，设计师对工程实际进度的关心程度就很有限了，只有很少的施工进程数据会反应在设计文档中(重建工程除外)。而且很多实际的施工步骤——如开挖、支模等等根本不会出现在设计文档中，关心这些步骤的是现场工程师、分包商和估价师。其方式方法一般是由负责安装的分包商负责。设计、建造和设计、建造、运营这类扩展的营建模式，则因所有的活动都是通过一个实体来进行，而使利用和共享共有数据的重要性大大增加。

正如有很多种不同的信息利用和归类的观点、方法一样，也有很多种构建成本数据体系的观点。例如，分包商或安装分包只关注那些由商务、工艺以及材料组织起来的信息，但是设计方却只关注与设计方案有关的分项工程如结构和外墙的材料组织。现场工程师或者总承包商则设法由整套合同或主要的施工活动来组织信息。

而业主通常只需要泛泛的了解任务细目(如任务结构分解图，即 WBS1)。设施经理则会对计划和规划中与设施有关的部分感兴趣，例如各分项的位置以及空间扩建带来的成本增加。这些关系如图 3-3 中所示，该图显示了数据组织的多重方法。

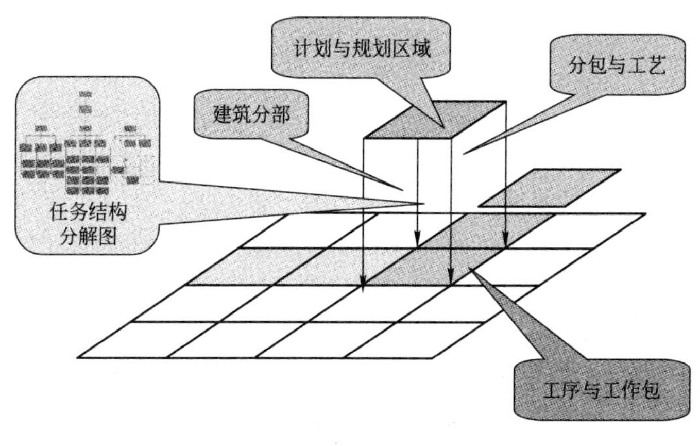

图 3-3　数据组织方法

2. 估价体系

在当今建筑业中最常用的数据标准是16个分项的MasterFormat体系。此体系最初形成于20世纪60年代，是由施工规范协会(CSI)和其他有关商务、专业、工程以及制造业协会合作编制的。之后于1972年和加拿大的协会合作出版，题为标准施工索引(UCI)。最后在1978年重新命名为"MasterFormat"之后，1983年进行了第一次修订。1988年和1995年再次进行了修订。

MasterFormat是一个按标准序列组织施工信息的系统，主要由数字和标题项组成。按次序分成16个主要施工分部，如下所示：

分部

1 一般需求
2 场地工程
3 混凝土
4 砖石工程
5 钢筋工程
6 木材及塑料工程
7 保温防潮工程
8 门窗工程
9 装饰工程
10 专业工程
11 设备
12 家具
13 特殊工程
14 传送系统
15 机械
16 电气

MasterFormat下有四个层级。第一级的主要组成部分如"投标必备""合同签订必备"以及这16个分部。二、三级以及四级则分类更加详细。如图3-4所示。

一级	二级	三级	四级
07 保温及防潮	07400 屋顶和墙板	07410 金属屋顶和墙板	—金属屋面板 —金属墙板
		07420 塑料屋顶和墙板	—塑料屋面板 —塑料墙板
		07430 复合板材	—复合屋面板 —复合外墙板
		07440 面板	—复合罩面板 —瓷釉罩面板材 —瓷砖
		07450 纤维混凝土板	—玻璃纤维混凝土板 —矿棉纤维混凝土板
		07460 壁板	—铝材壁板 —复合壁板 —硬质纤维板壁板 —矿棉纤维混凝土壁板 —塑料壁板 —胶合板壁板 —钢壁板 —木壁板
		07470 木材屋面和木墙板	—木材屋面板 —木墙板
		07480 外墙装配	—包括骨架、绝缘层、基层和面层

图 3-4 MasterFormat 各层次实例

MasterFormat 广泛作为工程项目手册、规范以及数据所需的数据体系应用于建筑业，是现在被各种参考书都接受的标准，如发行单价的 R. S. Means 公司，发行产品文献的 SWEETS。而且由于它的体系类似于基础性的表格，因此可以在施工作为成本控制、工作调度以及成本估价的框架。

尽管 MasterFormat 非常适合用于定义分部的材料组成和安装特性，但是却不能很好的定义功能和部位方面的属性，因为它没有全面的指引整个系统或者是房屋的分部。例如，它的外墙系统标准详述中含砌块、绝缘层和预制混凝土板部分，而且还包括了如下的细则部分：

03450—工厂预制装饰混凝土

04230—混凝土砌块

07210—房屋绝缘

这三个不同部分的分项是定义墙体系统所必需的，而且在其中详细地说明了墙体的规范以及施工方法，但是这些和设计师的需要略有出入。设计师把墙体看成是一个完整的功能整体或是系统，而且爱使用“系统”或者“单元”来定义建筑物的构成部分。因此早在20世纪70年代，许多设计和施工方面的专业人士意识到需要发展另一体系，以更加符合设计的习惯。特别是在概念设计阶段，不考虑材料选择，主要重点是放在成本、预算和其他的建筑性能(U值［建筑物的热传导系数］，STC［音传导系数］等等)等因素上。

如之前的例子所述，使用MasterFormat来确定墙体的成本需要进一步深入上述的三级标题。此外，每个分项可能还会计入其他分项的同类材料，因此回答“外墙的成本为多少?”这个问题可能就变得困难且耗时。

因此，从业人员开始探索将预算分解为对建筑师和工程师更加有意义的分部，甚至子分部。这就使得建筑物各分项工程一级子项内进行统计，而不管所定义的材料是什么。

在20世纪50年代中期，英国和加拿大的设计以及测量专家开始开发建筑分部工程级的分类体系；在美国直到1973年受美国建筑师联合会委托，Hanscomb公司才对此进行了开发，一开始被称作MASTERCOST体系。这项工作在美国建筑师联合委员会以及美国总务管理局双方的配合下，最终形成了一致认可的方案，被命名为UNIFORMAT。美国总务管理局还提供了额外的资助，将基于UNIFORMAT

的等级进行分类，并将其扩展到能和 MasterFormat 匹配的层级。

之后继续开发了 UNIFORMAT Ⅱ，它对原来 UNIFORMAT 的一些方面进行了修改。但修改的幅度不大，而且在二版内保留了原有的层级架构和要素。现在出自美国材料试验协会的规范(E 1557—96)提出，应由施工规范协会对 UNIFORMAT Ⅱ 和 MasterFormat 进行勘误。

在 UNIFORMAT Ⅱ 中每个计价要素都是互不关联的建筑功能主体。在实践中，这种成本和性能的比较关系和实际材料的选择无关。此外，UNIFORMAT Ⅱ 是分层结构，可以按照实际情况在不同的层级组织信息(特别是成本信息)，这样使得 UNIFORMAT Ⅱ 在项目的概念设计阶段十分实用，可以按此模式来安排初步概算和规范。例如，墙体可以按照墙体的单位面积来编制预算，可以先期较好的把特殊的墙体需求，如把 U 值和其他性能要求等考虑在内。

UNIFORMAT Ⅱ将建筑下分为 22 个主要的部分：

A10　基础
A20　地基
B10　上层建筑
B20　围墙
B30　屋顶
C10　内部结构
C20　楼梯
C30　内部装饰
D10　传送系统
D20　卫生设施工程
D30　采暖通风与空调
D40　消防
D50　电气
E10　装置

E20　家具

F10　特殊工程

F20　选择性建筑

G10　场地准备

G20　现场改进

G30　场地机械设备

G40　场地电气设备

G50　其他临建

图 3-5(*a*)和(*b*)有三方面的作用：首先是对 UNIFORMAT Ⅱ和 UNIFORMAT 进行了比较；列出了 UNIFORMAT Ⅱ一、二、三级的表项清单，并展示了该体系的层级结构以及 UNIFORMAT Ⅱ和 MasterFormat 的相互关系。

我们可以再次使用之前的案例，表中 B 项下的框架子项，分成如下几个部分：

B20-围墙

B2010-外墙

B2020-外窗

B2030-大门

参考图 3-5(*a*)显示了 MasterFormat 中的 03-07，09，10 分项可适用于外墙。图 3-6 提供的案例显示了之前使用过的墙体案例也可以按照 UNIFORMAT Ⅱ 的层级进行分解。

UNIFORMAT Ⅱ同时也可供历史成本和完工建筑之间比较之用。建筑物之间也能进行功能性的比较而无须考虑不同材料的使用(例如，混凝土和钢结构建筑的上部结构成本比较)。但是，收集真正有效的历史成本数据是很困难的工作，因为大多数建筑物按各个分包合同计价的，实际是依照 MasterFormat 的体系而不是依照各分项的方式来组织数据的。关于开发和维护成本数据这一主题我们将在第 4 章中做进一步的探讨。

UNIFORMAT 目录

MASTERFORMAT 目录：01 常规费用；02 场地工程；03 混凝土；04 砖石；05 钢材；06 木材—塑料；07 温保防水；08 门窗；09 装饰；10 专业工程；11 设备；12 陈设；13 特殊施工；14 传送系统；15 机械；16 电气

1 级	2 级	3 级
A 地下结构	A 10 地基	A 1010 标准地基 A 1020 其他地基 A 1030 地基底板
	A 20 基础	A 2010 基础开挖 A 2020 基础墙
B 框架	B 10 上部结构	B 1010 地板 B 1020 屋面
	B 20 外围结构	B 2010 外墙 B 2020 外窗 B 2030 外门
	B 30 屋面工程	B 3010 屋面覆盖层 B 3020 屋面开口
C 室内工程	C 10 室内	C 1010 分隔 C 1020 内门 C 1030 特殊项
	C 20 楼梯	
	C 30 室内装修	C 3010 墙体装修 C 3020 地面装修 C 3030 顶棚装修
D 室内设施	D 10 传送系统 D 20 卫生设施 D 30 采暖与通风空调 D 40 消防 D 50 电气	D 5010 电气设施 & 配电系统 D 5020 照明 & 布线 D 5030 通信 & 安全 D 5040 其他电气系统
E 设备及陈设	E 10 设备 E 20 陈设	
F 特殊工程 & 拆除	F 10 特殊工程 F 20 拆除工程	
G 场地工程	G 10 场地准备 G 20 场地改善 G 30 场地机械设施 G 40 场地电气设施 G 50 其他场地临建	

▒ 通常情况下，管理费和利润在工程小计之后都有一定程度的增加。

图 3-5(a) UNIFORMAT Ⅱ 和 MasterFormat 之间的关系

UNIFORMAT Ⅱ

1级		2级		3级
A	地下结构	A10	地基	A1010 标准地基 A1020 其他地基 A1030 地基底板
		A20	基础	A2010 基础开挖 A2020 基础墙
B	框架	B10	上部结构	B1010 地板 B1020 屋面
		B20	外围结构	B2010 外墙 B2020 外窗 B2030 外门
		B30	屋面工程	B3010 屋面覆盖层 B3020 屋面开口
C	室内工程	C10	室内	C1010 分隔 C1020 内门 C1030 特殊项
		C20	楼梯	C2010 楼梯结构 C2020 楼梯装饰
		C30	室内装修	C3010 墙体装修 C3020 地面装修 C3030 顶棚装修
D	室内设施	D10	传送系统	D1010 电梯和起重机 D1020 自动扶梯 & 传送道 D1030 物料输送 D1040 其他传送系统
		D20	卫生设施	D2010 卫生设备 D2020 室内供水管道 D2030 生活废水 D2040 雨水排放 D2050 其他管道系统
		D30	采暖与通风空调	D3010 能源 D3020 制热 D3030 制冷 D3040 采暖与通风空调输送系统 D3050 终端 & 组合单元 D3060 控制及装备仪器 D3070 其他采暖与通风空调系统 D3080 测试，调节 & 平衡
		D 40	消防	D4010 消防喷淋系统 D4020 消防竖管以及皮带管系统 D4030 特种消防设施 D4040 其他消防系统
		D50	电气	D5010 电气设施 & 配电系统 D5020 照明 & 布线 D5030 通信 & 安全 D5040 其他电气系统

图 3.5(*b*) UNIFORMAT Ⅱ和

UNIFORMAT

2级		3级	
01	基础	011 012	标准地基 其他地基
02	地下结构	021 022 023	地基底板 基础开挖 基础墙
03	上部结构	031 032 033	地面施工 屋面施工 楼梯施工
04	外围结构	041 042	外墙 外窗 & 外门
05	屋顶		
06	室内工程	061 062 063	分隔 装修 特殊项
07	传送系统		
08	机械		
		081	卫生设施
		082	采暖通风与空调
		083	消防
		084	特殊机械系统
09	电气	091 092 093	设施 & 配电 照明 & 电力 特殊电气系统
10	**常规费用，一般管理费**		

UNIFORMAT 的比较(一)

E	设备及陈设	E10	设备	E1010 商用设备 E1020 公用机构设备 E1030 车用设备 E1040 其他设备
		E20	陈设	E2010 固定的陈设 E2020 可移动的陈设
F	特殊工程&拆除	F10	特殊工程	F1010 特殊结构 F1020 综合工程 F1030 特殊工程体系 F1040 特殊设施 F1050 特殊控制和装备仪器
		F20	拆除工程	F2010 拆迁工程分部 F2020 消除有危险的分部
G	场地工程	G10	场地准备	G1010 场地清理 G1020 场地拆除&重新布置 G1030 土方工程 G1040 危险废料处理
		G20	场地改善	G2010 现场道路 G2020 停车场 G2030 铺设人行道

图 3-5(*b*) UNIFORMATⅡ和

11	设备	111	固定 & 可移动的设备
		112	陈设
		113	特殊工程
12	场地工程	121	场地准备
		122	场地改善

UNIFORMAT 的比较(二)

UNIFORMAT Ⅱ级			说明			MasterFormat 指引
1	2	3	4	5		
B					框架	
	B20				外围结构	
		B2010			外墙	
			(a)		外墙施工	
				(1)	预制混凝土外墙板	(03450)
				(2)	刚性绝缘	(07210)
				(3)	混凝土砌块	(04220)

图 3-6　使用 UNIFORMAT 体系的墙体

提示

在使用数据体系时，并没有哪一种方法是绝对正确或是绝对错误的。但是经验显示在大多数情况下，有必要同时并行两种体系，随工程开发的不同阶段交替使用。

3. UNIFORMAT II 和 MasterFormat 的应用建议

在使用数据体系时，并没有哪一种方法是绝对正确或是绝对错误的。每种方法都有自己的优势和缺点，而且根据所处的环境情况选择合适的体系，将会节约工作时间，使沟通更为畅通。但是经验显示在大多数情况下，有必要同时并行两种体系，随工程开发的不同阶段交替使用。

也就是说，我们需要区分两种格式之间优缺点的细微差别。我们下面将详述 MasterFormat 的优点所在：

- 首先，它为承包商所接受。承包商接受并使用这一体系迄今已有一段时间；因此，他们了解并且熟悉 MasterFormat 在规范、价格表、支付申请以及技术文件上的应用。特别是当面对的是支付申请以及其他财务方面的事项时，承包商们就更不愿意使用其他的体系了。而且承包商在使用 MasterFormat 收集和处理投标以及分项投标的信息方面也积累了很多经验。总承包商也常常按照规定分划（按照 MasterFormat 体系）对施工文件进行分类并交给分包商，他们通过这样的方式可以对投标信息进行收集、处理。

- MasterFormat 是以分包/材料为导向。MasterFormat 在定义和实现分包及材料供应的质量控制上是很有效的体系。
- 在起草详细/说明性的规范时，MasterFormat 也有优势。因为建筑行业对 MasterFormat 有着广泛的了解，因此从业者们易于使用这种工具编写他们的标准。
- MasterFormat 有利于编制详细概算。MasterFormat 在工程量估价方面的应用将在本章稍后处做详细探讨。
- MasterFormat 有利于在施工阶段进行成本控制。因为分包商熟悉用 MasterFormat 来开展工作，而且财务以及成本跟踪系统也逐步的倾向于按照分包的类别来进行安排。较多的替换带来更换整个 MasterFormat 体系的情况较少出现；大多数是在单一的分包合同中进行一对一的替换。

下文将对 MasterFormat 的缺陷进行说明：

- 编制预算和概算时有局限。MasterFormat 体系在编制详细概算方面的优势，导致了它在编制预算和概算方面的局限性。因为预算和概算都是以概念设计为基础，而概念设计很少准确定义所有的材料和具体的施工方法。不过，依照 MasterFormat 体系编制一份相对准确的预算和成本分摊表绝对是必要的，这可以通过使用的建模方法来具体定义，或通过和历史成本的比较来获得。举一个简单的例子，如在钢结构或者是混凝土结构之间进行选择。在 MasterFormat 中，如果选择了钢结构将有很大部分利用分项 5，但是选择混凝土结构却要利用分项 3。如果在两者之间不作出明确的决策，那么很难进行成本估算，特别选用钢结构工程时，有可能还会有在两个分部间产生混乱，因为钢结构工程有部分包括在混凝土工程分项 3 下。
- MasterFormat 很难用于设计阶段的成本控制。设计阶段的成本控制需要在不同的结构系统间比较切换，而且这种比较切换应该是易追踪和方便汇总的。例如，概念设计阶段如果选用了钢结构，之后改用了混凝土结构，成本计算明显将会从分项5切换到分项3。那么在分项5中抵减的部分是否被考虑到，或者简单地被重新分配到成本中去？我们可以用之前讨论过的墙体作为另外一个例子，墙体内有 MasterFormat 的三个分部，如果将预制墙板替换为复合材料墙板，那么分部3的成本将显著下降，同时分部7的成本将上升。从上面的例子可以看出，在 MasterFormat 架构下很难对设计变更调整进行成本跟踪，对变更类别的分支也很难把握。

- MasterFormat 很难用于竞争设计模式的成本比较。从成本管理者的角度看，可能使用 MasterFormat 用于竞争设计模式是最困难的工作。

  在设计对比时，如果设计建造一体承包商也参与了竞标，而且各设计方案在选用材料、施工方法以及结构上差别特别明显时，这一体系的弱点特别明显。前面选用钢结构和混凝土结构的例子说明了当业主想比较每个结构类型的优点和性价比时的难度。因为在这种情况下，基于钢结构的设计使用分部3成本效益较高，同样基于混凝土结构的设计使用分部5成本效益较高。所以业主想决定这两种结构的性价比时会很耗时，而且有一定的潜在风险。

对应 UNIFORMAT 体系功能完善之处，MasterFormat 体系就较弱，反之亦然。因此这两种体系是互为补充的。UNIFORMAT 体系的优点如下所述：

- UNIFORMAT 体系得到设计师的认可。UNIFORMAT 体系以及其他基于功能要素的系统比较容易得到设计师的理解，因此设计师们一般都愿意使用这个体系。这些年来，设计师们开发了一些系统来收集信息并且使设计工作更为规范化，这些都是以 UNIFORMAT 体系为基础的。此外，设计的方式基本是和 UNIFORMAT 体系的各要素匹配的。

- UNIFORMAT 体系是以功能/要素为导向的。简言之，UNIFORMAT 体系是按照建筑物的功能和要素来组织的。正是因为这个原因，设计师们才能方便的使用 UNIFORMAT 体系“语言”。
- UNIFORMAT 体系很适用于制定性能规范。对于那些不是基于建筑物功能和要素的系统来说，要建立一个方便并且可追溯的性能规范是很困难的。例如，鉴定墙体临界性能的指标是 U 值和 R 值，它确定了墙体的热力学性能。这个性能是墙体系统的一项完整功能；它是和墙体使用的任何一个单独的材料无关的性能。因此，在性能说明中对热力学性能进行定义就完全适用于整个墙体施工。UNIFORMAT 体系在这个方面非常适用，而要通过 MasterFormat 达到此功能就非常不便。
- UNIFORMAT 体系适用于概念估价。定义建筑物各要素的特性使得 UNIFORMAT 体系成为在概念估价方面非常有效、易掌握的体系。UNIFORMAT 体系能在无需确切的明确方式方法的情况下，使建筑物的系统预算变成可能。即使确定了某个特定的系统，这些用功能要素来支撑的预算也是优于基于材料和方法的预算。
- UNIFORMAT 体系也适用于详细概算。尽管 UNIFORMAT 体系更多的倾向于概念预算，它也可用于详细概算。其间，分包合同将会覆盖 UNIFORMAT 体系的若干目录。如图 3-5 中所示。
- UNIFORMAT 体系特别适用于设计阶段的成本控制。UNIFORMAT 体系可以用于预算和概念估价，同样的，它在设计阶段的成本控制方面非常实用。预算和成本控制的基本过程，包括为建筑工程每个设计科目和子科目制定预算将在后面的第 5 章做进一步探讨。随着设计的深入，情况总是在改变，UNIFORMAT 体系则可以对应评估出设计变化对成本的影响。让我们再一次使用墙体作为例子，追溯墙体从预制墙板变更为复合板材的成本估价变化：即使材料发生了变化，墙体各项成本依旧会保留在 UNIFORMAT 体系的同一目录下，这样就能进行相应比较和分析。而且因为整个建筑分项可以在同一个阶段进行评估，因此很容易进行建筑物的寿命周期成本、稳定度以及其他估价。

- UNIFORMAT 体系能有效用于设计竞标。和 MasterFormat 体系在设计竞标中不能发挥作用的情况不同，UNIFORMAT 体系非常适用于设计竞标，特别是在概念阶段，在设计方案之间基础情况变化相当大，或是没有方案没有明确的定义时。在各个可能的备选设计方案之间，UNIFORMAT 体系也能进行一对一的逐项比较。沿用前例，通过 UNIFORMAT 体系可以变更不同的墙体类型，对钢结构建筑和混凝土结构的建筑的初始成本和运营费用进行公平公正的比较。而要用 MasterFormat 体系进行这类操作是非常困难，甚至是不可能的。
- 在组织和维护项目历史信息方面，UNIFORMAT 体系非常有用。历史项目成本能以 UNIFORMAT 体系作为分类基础，按项目的类型、结构、要素进行很好地组织。虽然大多数建筑物的历史成本是从支付一览表里提练出的，但是支付一览表是按照 MasterFormat 体系的各分部来组织的，所以要从不同建材和施工方法的各类项目中提练并储存成本数据是一项非常困难的工作，原因我们在前文已经做了叙述。相反，通过 UNIFORMAT 体系保存的项目数据，在比较和提炼历史成本方面非常高效。甚至可以从完全不同类的建筑中提炼建筑各分部的成本，例如，对办公楼和公用机构建筑的墙体进行成本比较。当然对于建筑物其他部分，如采暖通风与空调等，很可能在不同的建筑类型之间差别非常大，但是对于墙体这类结构进行比较仍是有意义的，因为设计方法，材料的应用和环境影响都类似。用 MasterFormat 体系收集数据后再转换到 UNIFORMAT 体系的细节将在第 4 章作进一步讨论。简言之，对历史信息的有效使用需要使用

UNIFORMAT 这种以分部为中心的体系。

UNIFORMAT 体系有如下缺点：

- UNIFORMAT 体系不适于用作总承包商汇集分包商报价。分包合同的一个特点是，它要覆盖 UNIFORMAT 体系的若干分部和目录，这就正好使承包商用 UNIFORMAT 体系来收集和处理分包商的报价和投标变得非常低效。事实上，总承包商按照 UNIFORMAT 体系的结构来进行投标报价会被认为是非常大的一个负担。即使这个总承包商对 UNIFORMAT 体系非常熟悉，分包商也不一定对它熟悉，这就增加了报价中漏项和重项的风险。如果一个合同要求必须采用 UNIFORMAT 体系结构来报价，那么应该允许给承包商增加一定时间，供其收集按照传统 MasterFormat 格式的报价，并使之转化为 UNIFORMAT 体系。必须意识到可能在开标的最后时刻有可能才收到承包商的投标报价。因为对这些投标进行重新组织和分配工作，要想不增加工作量是很困难的。因此如果使用 UNIFORMAT 体系，较好的做法是，无论使用哪种格式来投标的承包商在竞标到期时报出一个总标价，之后再给承包商一定时间让他具体化这份投标。这样尽管汇总的投标需要修正，但是承包商就有时间对分包商的报价进行分类和组织，具体内容见第 5 章。
- UNIFORMAT 体系不适用施工阶段的成本控制。如上所述，UNIFORMAT 体系在设计阶段有明显的优势，但是在施工阶段就不是如此了，因为关注的焦点从建筑各分部转移到了各个分包商和具体施工上。

二、确定并管理影响成本的因素

佩瑞多定律认为，建筑物 20%的部分要占用 80%的成本。我们对这个定律作一个扩展，那就是在设计中作出 20%的决定将影响 80%的成本。因此有必要确定、评估以及最终能控制这些主要影响成本的决定，使这些影响成本的因素可以较早的得到确认，从而在整个设计进程中对其密切关注。

经验定律

设计中 20%的决定将影响 80%的成本。

那么如何确定这些因素呢？简单的说，这些因素分解为同第1章关键点一致的内容，包括在可以预测的建造内容、建造需求的子项内。所以，图3-7的内容和图1-2完全一致。

建造内容	需求	预算
• **规划** —功能空间规划 —模块 & 组合 —公共空间 —效率 • **形体** —墙体面积率 —连接程度 • **内空间** —顶棚净高 —送风高度 —工程缝 —前庭 —采光架 • **功能参数** —采暖通风与空调/单位面积或重量 —瓦/单位面积 —管道固件 —通风管道重量 —钢材重量/单位面积 —等等	• **美观** —形状 & 体量 —外形 —社会需求 —设计问题 • **质量** —结构 —材料 —工艺 • **项目发包** —阶段 & 计划安排 —施工时继续使用 —发包体系 • **系统性能** —功能空间要素 —房屋管理 —维护 —能量消耗 —维持性 • **设施性能** —活荷载 —扩展性 —适应性 —安保 & 安全 —进出口 —邻近 —自然光 • **外部需求** —规范 —标准 & 准则	• **初始成本** —场地费用 —固定费用 —施工费用 —通货膨胀以及价格波动 —或有费用 —其他费用 • **未来一次性费用** —更新 —改造 —抢修 —其他一次性费用 • **年成本** —操作费用 —维护费用 —财务费用 —税金 —保险费用 —安全费用 —其他年成本 • **功能使用成本** —职工工资 —材料费 —停用成本 —其他功能使用成本

图3-7　建造内容、需求、预算层级图

主要影响成本的因素包括：规划、设计方案、阶段安排、场地和环境、市场以及风险。在后文将对这些因素依次进行论述。

1. 规划

影响成本的因素和规划的关联度很高，如空间利用率、安全需求、循环、残疾人无障碍设施，以及对总体外观和邻接环境的需求；但目前规划中最重要的因素是建筑物的空间形式。例如实验室的成本一般都超过 400 美元/平方英尺，而行政和办公室的成本一般在 100～150 美元/平方英尺。这两种形式各半的混合建筑成本将在 200～220 美元/平方英尺之间。

如果这种混合类型建筑中实验室占 70%，普通办公室占 30%，那么建筑成本将超过 300 美元/平方英尺。在设计阶段有一个值得关注的现象：当费用较低的建筑类型比例减少时，作为补偿费用高的建筑类型比例将会增加。因此，即使在总造价维持不变的情况下，这种混合类型的规划将向费用高的建筑类型倾斜，从而使得单位面积内的成本上升。这种情况经常出现。

另一个值得关注的方面就是空间的利用率。经验表明，完成的建筑设计的实际空间利用率要低于规划最初计划的利用率，特别是具有复杂空间的建筑物，如实验室等在这方面更为突出。在设计中受到尺寸的限制，拿出一个完善的解决程序是很困难的，而且在规划和设计阶段这种作用会递减。但从成本经理的角度看，追溯已交付的规划并关注混合结构和空间利用率，实际是执行了项目最为重要的成本控制。

2. 设计

设计的要素应包括，根据建造内容所确定的建筑物体量，以及根据需求定义的性能和质量指标。同时设计中一些更为常见的成本因素有，内墙率和交接墙的比例等。因为外墙在建筑物的成本中是相对主要和刚性的成本支出，而墙体和空间区域相对关系则对建筑成本有动态的影响。

墙体的多少是受面积的形状比率影响。例如，一个边长 200 英尺的正方形区域面积为 40000 平方英尺；假如墙高 15 英尺，外墙面积为 12000 平方英尺(200×4×15)，墙率为 0.3。一个长 400 英尺宽 100 英尺的区域，其面积同样为 40000 平方英尺，但是它的外墙面积为 15000 平方英尺(400×2×15+100×2×15)。其他条件都相同，如果外墙成本为 40

美元/平方英尺，那么后者的建筑成本将多增加 120000 美元，即每平方英尺多 3 美元。墙交接点的比例也影响到完工墙体的成本，因为墙交接点的多少将会影响到墙率；另外，正像前文所述，交接点的墙角会增加墙体单位面积的成本。因此，较多交接的墙体耗费将会上升。

其他和设计相关的成本因素也在很多方面影响到建筑成本。例如，屋顶净高和层高的变化会立即影响工程量。而类似门廊和天井这些部分则是相对静态的部分，它们的位置和结构才会影响整个建筑物工程量。

图 3-7 中列出了其他影响建筑成本的因素。有经验的估价师往往特别关注设计中最关键的方面，例如每平方英尺中钢材数量。以及刚才已提及的结构的质量、材料和工艺选择也是影响成本的重要方面。

当然，业主对性能的要求也是影响建筑成本的主要方面。

这些要求包括了活荷载，安全方面的需求，对自然光的需求，建筑能耗以及维护性能等。业主对一些诸如可扩充性和适应性的要求虽然更加不可度量，但是也会影响到项目成本。我们可以看一看可扩充性的例子。如果说业主希望建筑未来可以向一个特别的方向扩展，那么建筑物首先必须位于可向未来扩展的地点。另外，在结构设计阶段，支撑建筑物墙体和结构的材料选择必须满足扩展要求。此外，为了满足扩展需求，各种设施既要尺寸协调又要在将来扩展之后能容易使用。所有的这些方面都会对成本产生作用。成本经理应该在影响成本最大的设计阶段意识到这一点，并且在设计阶段密切关注这些选择。

3. 阶段安排

项目的阶段安排将会作用于直接费和间接费，例如常规费用，从而影响到项目的定价。大部分的项目都是在假想的时间安排下进行的，这种安排要么是不切实际要么是在时间上很难执行，更为常见的情况是，在判断计划的适用性方面投入的时间和精力不足，或者是业主的设想和需求没有得到充分审查而进入了计划。不合理的延长计划显然会增加项目在常规费用和财务成本方面的开销，而不合理的缩短计划也会增加成本，因为用不合理的时间去赶工，必然会出现倒班增多、加班，以及随之而增多的监督管理。在这种情形下，一些类似于混凝土养护的简单工作也可能被忽略。

人员、设备在新建筑或者更新改造的旧建筑中进出的安排也会影响到计划的执行。在翻新工程中，如果房屋还在正常使用，那么将会增加计划改变的可能性，有些时候将会影响到实际操作中的设计方案以适应这种情况。

确定计划的最主要决定要素是项目发包方式的选择，如究竟是设计一投标一建造，含风险因素的施工管理，或者是设计加建造等等。这些情况下，成本都会受到不同程度的直接和间接影响。承包方式在第 5 章中还要作进一步讨论。成本经理应对计划安排方面的要素做精确的定义、追溯和监控。

4. 场地和环境

好的场地——意味着能容易的开发并以较低的费用进行建设，当然这种地块越来越少了。现在，更多的地块比起过去有了很多环境方面的问题，例如场地污染，存在高危材料，邻接湿地使利用受到限制，需要保持雨水，或者要保持地下水等等。在许多情况下，大规模的地块内会有开发绝对受限的地块。

除了环境的因素外，地块的坡地情况和土壤条件也是影响开发和建造成本的要素。回顾过去发生的一些实例可以看到，如果不对地块的场地和地质情况进行了解，那么成本的增加可能会成为一个大难题。

在成本的确定、预算和管理的过程中，成本经理应该对地块的场地和环境情况保持足够的关注。

5. 市场因素

我们在第 2 章对市场因素的经济性作了探讨。从估价的角

提醒！
项目估价师应当了解同时开工的其他项目会对本项目产生的影响，因为这可能会影响到该地区建筑业的总体供应和需求。

度看，我们必须回答如何对和项目相关的市场情况进行全程追踪。如果市场情况发生了改变，项目估价师如何针对这个变化进行估价和计算？

项目估价师一项最简单但也是最重要的工作是，评估同时开工的其他项目对本项目的影响，因为这可能会影响到该地区建筑业的总体供应和需求。确定哪些类型的施工活动在劳务个施工分包方面引起的短缺，这对估价师而言也十分重要。总承包商，施工管理，分包商都会逐步在某些领域越来越得心应手，例如建设 K-12 年级的校舍。因为建造学校都大量集中在大城市和郊区，所以对同类的建筑资源的购买呈增长趋势。当宏观经济形势相对平稳时，如果需要建造的学校很多，那么即使有调控，这类工程的价格可能也会被抬高。在 2000 年时，因为投标情况太差，华盛顿特区的马里兰郊区的一个主要的县停止了所有的学校建造。

其他和市场相关的方面还包括特别材料和工种的短缺。最近这几年，发生短缺的材料有结构用钢，水泥，预制混凝土，石膏板，玻璃和釉彩材料。成本经理应该及时跟踪到材料以及劳动力短缺。

6. 风险

项目中的风险因素覆盖到很多领域，也来自多个方面。正如第 1 章中讨论过的那样，风险，以及风险对成本的特殊作用，需要得到细致的管理。对成本经理而言，制定密切关注受风险影响的成本要素的评估是很有意义的。重视风险评估方法是适应特定环境的有效办法。这个问题将在本章的后面部分做进一步讨论。

风险估价中的关键因素，首先确定出成本估价中风险最高的要素，其次，计算出这些因素波动会带来什么影响。在极端的情况下，较好的办法可能是通过变更设计以把一个特定决策的风险减少到最小。举一个例子，某政府当局机构承担设计和开发一座跨江大桥，它就必须面对诸如桥梁的结构坐落在污染土壤上的潜在风险。这个问题的复杂之处在于，直到工程开工，污染物的特性和污染度还不是很清楚。为这个潜在问题增加的成本根据处理的时间状况，大约在6000～7000万美元之间。在这种情况下，当局决定选择修改设计方案，增加了墙梁的跨度以避开高风险的地区，为此增加了大概3000万美元成本，这样做一共节约了处理污染土壤的成本在3000～4000万美元之间。也就是说，风险管理可能会要求重新选择设计方案，甚至最终引起设计的变更。

三、估价准则

如果将估价作为整个成本管理流程中的重要组成部分，那么成本经理应当清楚地知道一些准则，并且能清楚和正确地理解估价的结果。同样对于其他使用估价和编制估算的人来说，也应当清楚地理解估价背后的意图，估价基本原理，以及为什么要编制估价。

1. 估价与投标

在估价过程中首先也是最重要的一步是分清估价和投标之间的区别。简要来说，投标是一个采购的过程，反之，估价是一个预计的过程。总承包商会将估价看作是投标过程的组成部分，但是其估价基础主要是来自分包商和供应商的出价。所以一般来说，总承包商只需要把直接工程的估价作为投标的组成部分。

释义
投标是一个采购的过程。估价是一个预计的过程。

(1) 估价

对于安装工程承包商而言，估价方法同总承包商或者是估价咨询师的过程略有不同。工程专业分包商的估价只含有交工工程的报价，而且这个估价也具有协议性质。总承包商则通过每个专业分包商的报价来形成估价，而且估价改变的情况通常只会发生在实际情况和合同的要件有出入时。

专业分包商为了使风险降到最低，必须制定非常详细的估价方案，并且充分考虑施工中的采购方案、劳工计划，以及必需的设备。图3-8和图3-9列示了一个专业分包商估价的实例。

问题：计算在下图中所示的房间铺贴 6″×6″×1/2″地板砖和 6″地板线脚的成本

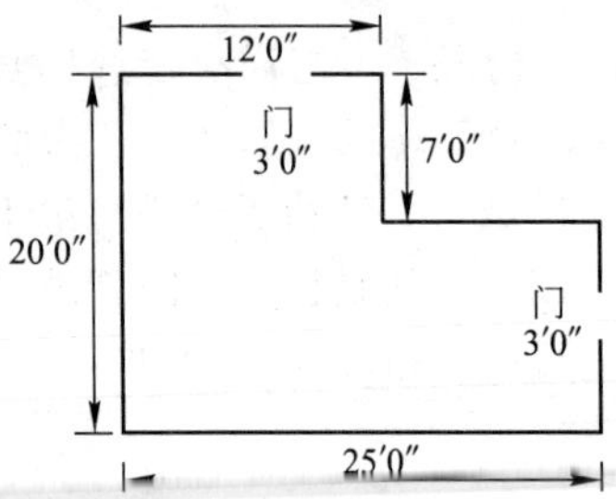

估价数据

6″×6″×1/2″地板砖	$ 70.00/箱(100 片)
6″×6″ 地砖线脚(直型)	$ 1.50/片
6″×6″地砖线脚(倒角)	$ 5.00/片
混合水泥(100 平方英尺需要 3 包)	$ 3.50/包
材料税金	5%
地板砖损耗	5%
基底损耗	2%
地砖铺贴工(一天 8 小时，按面积计 120 平方英尺，按长度计 100 英尺)	$ 26.00/小时
辅工(每个铺贴工需要一个辅工)	$21.00/小时
劳工附加福利	劳务成本的 35%
现场管理费	(劳务费+材料费)的 5%
公司管理费	(劳务费+材料费+现场管理费)的 2%
利润	(劳务费+材料费+现场管理费)的 10%

图 3-8　专业分包商的估价工作实例

分包商的重点首先是计算出材料的数量(此例中的材料为瓷砖)，其中应包括搬运损耗，然后再去订购/购买此类材料。之后，分包商必须计算出现场铺贴瓷砖所需人工和工人数量。这个步骤需要对工人的效率和工程量进行计算。

计算中的最后两步是决定如何分摊管理费(交易和管理花费的固定费用)以及如何计算项目的利润。这两步非常重要，而且会随承包商、市场的供求情况而有所变化。图 3-9 显示

估价					
a）材料					
6″×6″×1/2″地板砖		18×	$ 70.00	$1260	
6″×6″地砖线脚(直型)		172×	$ 1.50	$ 258	
6″×6″地砖线脚(倒角)		6×	$ 5.00	$ 30	
混合水泥		12×	$ 3.50	$ 42	
				$1590	
税金			5%	80	$ 1670
b）人工					
地砖铺贴	34 小时	×	$26.00	$ 884	
辅工	34 小时	×	$21.00	$ 714	
				$ 1598	
劳工附加福利			35%	$ 559	$ 2157
	人工＋材料				$ 3827
c）现场管理费			5%		$ 191
					$ 4018
d）企业管理费			2%		
利润			10%		
			12%		$ 482
	估价总成本				$ 4500
	地板面积				409 SF
	单位面积成本				$11.00

图 3-9 安装分包成本估价案例

的是图 3-8 的估价的结果。首先计算材料费，内含：完工所需的地砖、普通线脚、墙角线脚，以及水泥的数量；然后再加上必须支付的材料购销税金。之后进行人工的估价，这个步骤要略为复杂些。首先是估价出铺贴瓷砖和线脚所需的人工工日。在案例中，瓷砖铺贴工和辅工每天工作 8 小时，按面积计算可以完成 120 平方英尺的工作量，按长度计算可以完成 100 英尺的工作量。总工日计算出为 34 小时。根据工人人工工资和 35%的附加福利，计算出整个劳务成本。然后再加上管理费用，计算出整个工程的估价为 4500 美元。

虽然估价的过程费力耗时但是非常必要，因为承包商的成本的风险与预计结果是息息相关的。在这个例子中，值得注意的是计算整个房间内每平方英尺的施工成本为 11 美元/平方英尺。因此对于同类尺寸和质量的地砖，11 美元/平方英尺的价格是可信的。但是需要注意的前提是基本情况应基本相同。

正如本章开头所说的，很多出版物、手册和教材都阐述了估价这一内容，而且因为读者的角度不同，这些信息对于任何想制定估价或者是想从事估价师工作的人来说都是很有用处的。本书的目的既不是去定义也不是详述估价的过程，而是解释了如何在整个过程中用好估价。也就是说存在很多种成本估价方法，供分包商、总包商，或者是咨询估价师使用。

很清楚，不是所有的估价都必须达到分包商编制的细节水平，或者说不是每个人都有充分的时间来做这项工作。而且，如此细致的水平对于概念性和纲要式的工作并不适用。由专业咨询师或由总包商完成的估价方案，通常依靠的是来自历史记录或者是公开提供的单价。在图 3-9 中所示的 11 美元/平方英尺的单价是一个例子，它可能来自公开的价格信息，也可能来自一个完成过类似工程的分包商首次报价。当然，所有这些单价都必须满足实际工作的需要。

(2) 投标。

估价之后的下一个重要内容就是准备并编制投标书。假设每个专业分包商都在编制类似图 3-8 和图 3-9 所示的成本估价，总包商应合并这些出价并准备好投标书。这个过程可能要花两周时间，也可能要花几个月。但是最后几天，甚至最后几小时、几分钟，可能都会发生一系列导致标书更改的事项。

承包企业的“投标办公室”是一个有挑战性，同时也很复杂的工作场所。在投标结束前，电话摘机，EMAIL 在电脑间不停的传递，这种状况往往要持续到最后一刻。这就是总包商如此强烈反对使用结构复杂的投标表格的原因。报价确定得如此之晚，要想在投标过程中完成这些表格中的一份并插入最终结果，事实上是不可能的。第 5 章提出了如何处理投标表格和价格表的建议。

(3) 了解两者的差异。

成本经理必须了解估价和投标之间的差异，以及这种差异背后的含义。例如，当几个工种同时完成一个分项时，为了解决某方面的问题可能需要这些工种和分包商一道进行磋商和说明。即使一个相对简单的变更同时要影响到几个工种和几个估价时，问题也可能会变得很复杂。为此要在众人之中进行定单变更的谈判是很困难的。

清单

确定估价的内容

- 确定并认可估价的范围。
- 弄清楚所有成本的依据和估价时间表。
- 在估价中准确定义单位价格。
- 或有费用和引起成本增加的因素是估价中重要成分。
- 交互核对并验证估价。
- 以依次、全面的方式对同一项目编制的两个或多个预算进行协调。

2. 确定估价的内容

在准备制定估价或者要求制定估价之前，一个必要的工作就是必须仔细地确定研究估价的内容。如下所述，此项工作应包括六个步骤：

(1) 确定并认可估价的范围。这个步骤是考虑对估价内容进行保留和排除的过程。这个工作的特性就是如此，估价排除的特性要远比保留的特性重要。特别是，如果不能确定一项内容是否该被排除在估价外，那么它就应该包括在估价内。在投标中也有相反的情况，因为范围是由包括在估价内的内容确定的，而不是依靠排除的内容；也就是说，如果工程内容不能确定应该包括在估价内，那么它就应该被排除掉。图3-10显示了在估价中一些典型的保留和排除的内容。

在施工分包中通常被排除的内容	在施工分包中有时被排除的内容
• 非固定的家具	• 锁具
• 室内陈设品(窗帘，垫子等等)	• 黑板、布告板
• 非固定的设备	• 固定式座椅
• 用户工程(分隔，装修等等)	• 活动百叶窗、窗帘轨
• 电信工程(不含预留线管)	• 地毯
• 拆除	• 门牌、公共标志
	• 固定设备(例如：食堂，窗户清洗等等)
	• 金库(门)
	• 输送机、提升机
	• 热水、凉水制备设施(分散型)
	• 特别的电气系统(例如：舞台照明，闭路电视等等)
	• 变压器、交换设备(用于公用)
	• 园林设施(例如：公用设施，景观，标牌等等)
	• 保险，公债和许可证
	• 固定费用

图 3-10 估价中典型的保留项和排除项范例

(2) 弄清楚所有成本的依据和估价时间表。包括预计开工时间，施工阶段，以及完工时间。在美国关于估价和估价组成，有不同的几个标准。因此在这方面有很多不同意见。相反，在英国的工程量测量专业多年以来就为大多数人所接受，测量方法中也对建造物及其子项进行了细致的定义。在美国大多数应用于工程量测量的标准，即使如总面积、净面积等，在不同的标准间也存在明显的区别。因此对于成本经理而言，确定关键内容所使用的测量方法为所有人认可是极其重要的。举一个简单的例子，工地场地工程需要打入板桩：通过实际面积测量板桩，和通过其上方露出的土地面积进行测量，其结果都是一样的。然而，假定总成本相同的情况下，板桩的单价却依据其计量方法的不同而有显著差别。所以第一步就是要对测量的方法达成一致。在美国使用规范和标准时，必须要搞清楚版号。

现在一些主管的团体，如美国材料实验协会、美国国家标准技术研究所等，已经主动发起了旨在使工程量测量统一的行动，但是在标准统一前，成本经理还是应该在不同的项目上确保标准的沟通工作。

(3) 在估价中准确定义单位价格。例如，在估价报告中提供的价格究竟是总包商的成本还是专业分包商的成本，或者是专业分包商的毛成本？在这些情况下成本都会完全不一样，而且会受附加成本的影响。在这个步骤中，没有绝对正确或者是绝对错误的做法，但是在大多数情况下，成本经理希望清楚地知道不计附加成本后，承包商的成本是多少，却不理会前后的一致性是多么重要。所以，需要考虑在估价中使用哪种表格和体系。如果成本是采用很多种不同方法合并的，那么成本应包括和其工作地点相关的附加成本，一旦这些工作有变动，其附加成本也会随之而变动。

(4) 或有费用和引起成本增加的因素是估价中重要成分。在成本文件不充分的情况下准备初步估价时，这个步骤特别重要。一般来说，将分包商的报价作为投标部分内容时，或者是在总包商的初步估价中，通常包括了所有预期的成本增加，是当时时点在本地的完工的成本。另外，报价也代表的是现时时点的工程报价。如果工程施工的时间拖后，报价将变得过时，也就是说报价的时点不再有效，可能要受通货膨胀和成本增加的影响。因此，在估价中成本的加价将会使价格增加(或减少)。另一个重要内容是，分清楚是否在估价或者投标分项中考虑了价格浮动。

一份估价代表了同一个时间段内成本的汇集，这个时间点通常是估价的编制时间。一份标价代表的是在既定工期内工程完工的报价和需要的成本。如果时间表相同，那么同一个工程的投标和标价应该是相当的。在投标期间标价可能因价格浮动而随时修改，然而估价通常是在工期的中间点随价格浮动而修改。表面上看，标价包括了施工过程中所有的价格浮动。图 3-11 展示了标价和估价之间的区别，图 3-12 表现了标价和估价是如何随时间变动而上升的。

另一方面，在估价和其准备文件中，或有费用是一个随信心变动的函数。完全基于施工文件准备的标价则不对或有费用进行定义。依据不完备的文件进行定价总是包括了风险的影响。成本经理应确保估价中的任何或有费用都有明确的定义。这不是一件容易的事情，因为估价师都是把风险作为估价中的固有成分，并没有将它单独列示出来。然而，清楚的记录或有费用的分摊是非常重要的。或有费用和价格浮动的内容在本章稍后部分还有进一步的探讨。

(5) 交互核对并验证估价。这个重要的步骤经常被忽略。一个成本经理能用多种方法对估价进行评审和交互核对。关键的部分可以通过独立估价师，或者通过与现场单位成本的交互核对进行确认。

前文计算瓷砖成本的例子示范了如何使用以前的项目进行交互核对。对估价的评价可以简单的通过交互核对来实现，例如，在估价中可以合计所有的地面装修项，考虑装修重叠的面积与未装修面积的差，再与总地面积进行比较。如果总的装修面积超过了总地面积，显然计算有错误；如果总的装修面积较地面积为小，那么应对未装修空间和施工面积(含墙

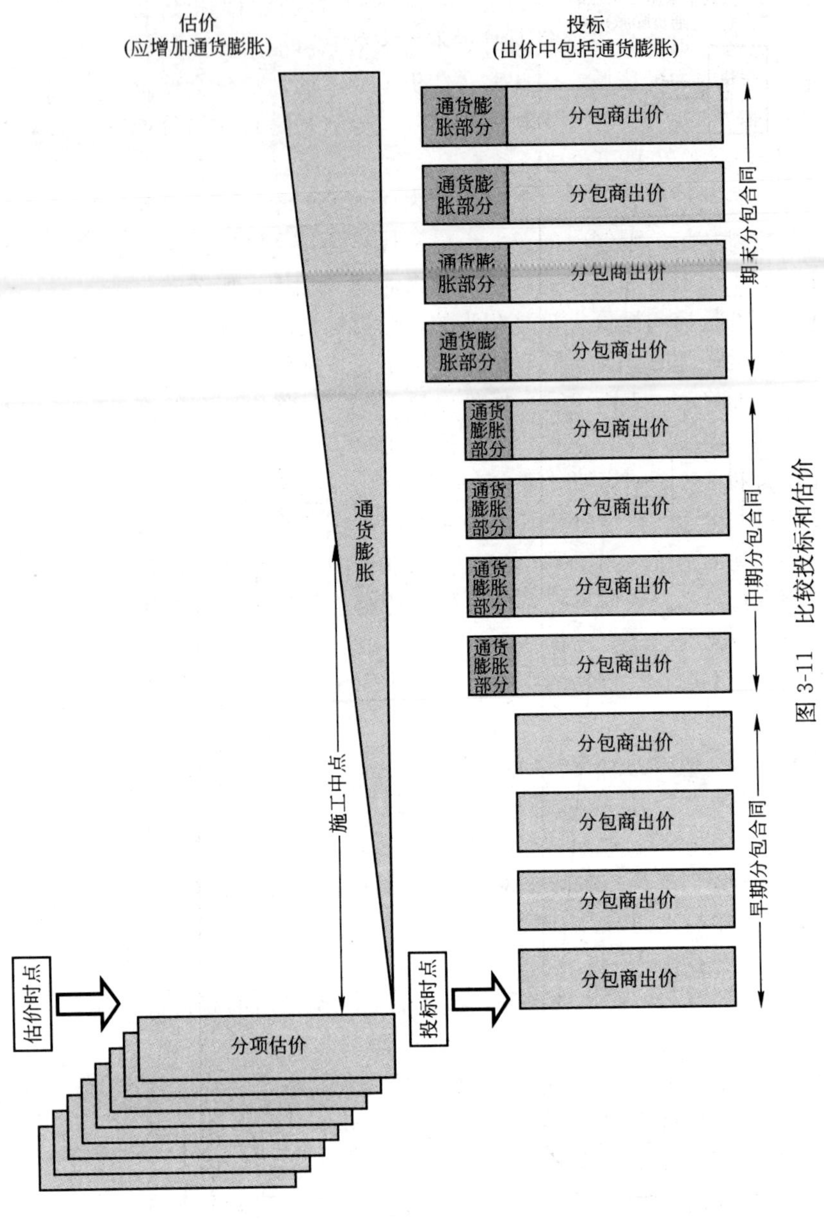

图 3-11　比较投标和估价

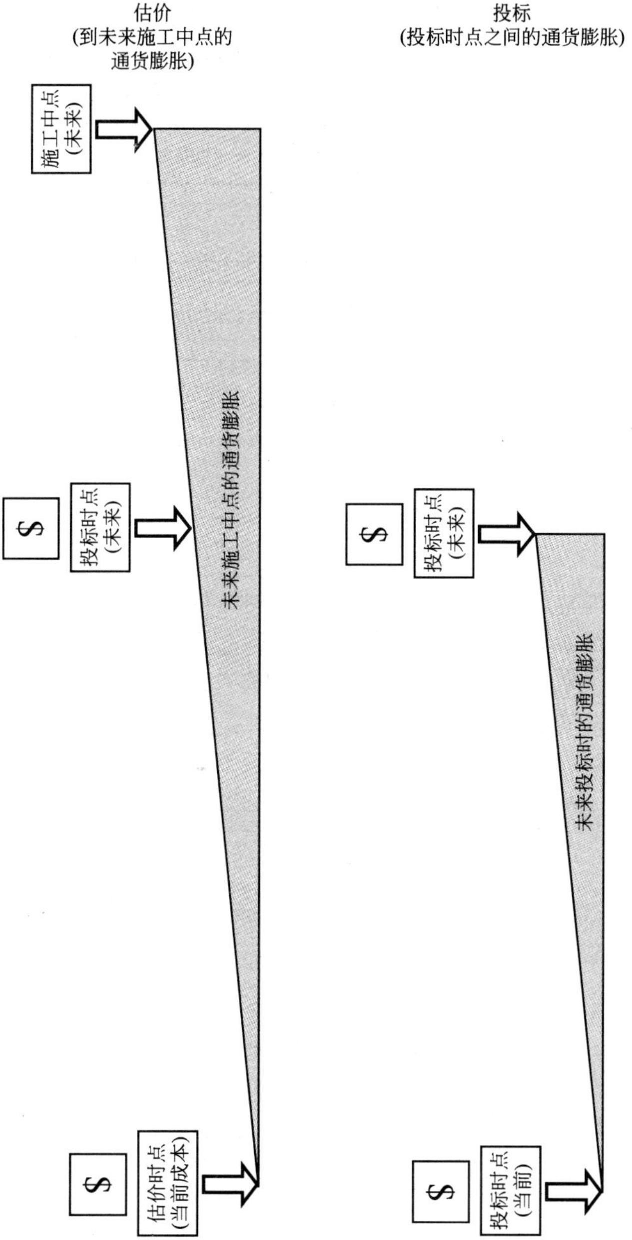

估价
(到未来施工中点的
通货膨胀)

施工中点
(未来)

投标时点
(未来)

$

未来施工中点的通货膨胀

估价时点
(当前成本)

$

投标
(投标时点之间的通货膨胀)

投标时点
(未来)

$

未来投标时的通货膨胀

投标时点
(当前)

$

图 3-12　比较投标的扩大和估价的扩大

体以及空隙)进行快速核查。交互核对的另一个方法是依靠在建造内容中定义的标准度来进行。对空调的总吨数进行计算，并且估价在当地每吨的成本。如果每吨的成本和公认的标准有出入，那么可能一个原因是计算错误，另一个原因就是估价的基础和公认的标准有所不同。同样的，计算每平方英尺的建筑需要多少磅重的钢材，与过去项目中订立的标准用钢进行比较，也能进行交互核对。

(6) 以依次、全面的方式对同一项目编制的两个或多个预算进行协调。这个步骤的重要之处在于避免浪费时间和精力在不实的目的上。下文列示了多个有关协调过程的建议：

- 在制定估价前确定估价所用的体系。如果有可能，估价制定的各方应对其进行充分讨论，无论是使用 UNIFORMAT 还是 MasterFormat，最后应在所使用的体系上能达成一致。
- 预先确定定价方法。这可能需要一方或多方改变各自的定价方法，或是改变各自编制预算的方法。这并不是说要求各方使用他们不熟悉的方法。关键是，每方都应该了解汇总估价的方法。附加成本是否应包括在报价中，或者是纳入估价中，都应该清楚的确定下来。如果有可能，对重要部分的测量方法应当获得各方的同意，避免以后浪费不必要的时间和精力来决定这一问题。
- 搞清楚工程的时间表和进度安排。在一些情况下，详细标明各项工作、各个阶段的进度安排应附属于估价。
- 如果必要，应清楚的定义因风险而造成的加价。如果这样做，应当分清是投标时点的加价还是施工期间的加价。
- 按照自上而下，或是自下而上的策略进行协调工作。一般来说，很难按照逐项对照的方式，在两个估价之间进行一致性协调。而自上而下方法则提出了一种比较估价主要分部的方式，对整个估价成本进行检验。把最初放在不相符合事项的注意力，转到估价的主要分部上。明智的做法是逐个的确定估价重要部分的主要工作量上，并且清晰其相关的计算。同时，对影响项目的主要风险因素进行评定，而且花时间掌握这些风险是如何作用于估价的。必须细查这些因素，因为在几份估价结果之间的差别可能就是因为这些因素的作用。如果对这些作用于估价的因素各方分歧很大，那么再在估价的细节上花费太多时间和精力是无意义也是不可行的。自上而下的方法则将注意力集中在这些主要因素的讨论和协调上。相反，自下而上方法是查验建造内容的排除和纳入的细项，以及整体的连贯性。也就是说，对各个定价用逐项对照检查的方式通常没有价值，因为需要对每个排列项都进行大量的定义。而在一些特殊的区域，对各定价进行总体趋势性的检查才是有意义的。经验表明即使准备得都很充分，在两个或多个估价间，在不同的部分，不同的细项之间会有很大的差异。任何估价都代表一个预测，因此应该在最高的层次上得出协调的结论。一开始，协调应当包括范围，纳入项，排除项，连同主要价格的有关的成本附加、利润、管理费以及其他任何要素。随后，应当把注意力集中在这些已被确认的主要因素上。当从上而下的方法存在极大差异时，从下而上、逐项对照检查式的协调作为调整估价的一个方法。不过应当了解，各个估价是不常在数据的底层进行匹配的。

四、成本估价方法

根据在手信息的有效度和所给予的时间，进行成本估价可以运用不同的方法，主要有以下四种类别：

- 单位价格法
- 参数/成本模型
- 系统/分部成本分析
- 工程量估价

图 3-13 说明了在工程实施的不同阶段，适用哪些成本估价方法。单位价格法通常较多的用于项目的规划和设计阶段。

参数和成本模型一般用在原理设计和初步设计阶段。系统/分部成本分析较多的应用在设计，以及施工文件初步准备阶段。工程量估价一般用于制定施工文件、投标和施工阶段。

初步设计	原理图	设计开发	施工文档	投标	施工
单位价格法					
	参数/成本模型				
		系统/分部成本分析			
			工程量估价		

图 3-13　在工程营建的不同阶段估价方法的应用

但即使在不同的时间段，这些方法都可以用作对整体实施交互核对，使用工程量估价可以对单独的假定或者是特别重要的因素进行交互检查。

格言

计量越容易，定价越困难；计量越精细，估价越容易。

1. 单位价格成本估价方法

单位成本估价方法也可分为四类方法：

- 单元法
- 体积法
- 面积法
- 功能区域法

(1) 单元法

单元法计算的基础是待建项目各设施的单位成本，以及设施数量的计量。例如，停车场按照每个车位来进行计算。公寓楼按照每间公寓来计算。表演大厅和报告厅按照每座来计算。医院按照每个床位来进行计算。单元法主要是提供初步的估价和快速的查验，也可用作当前项目的初步评估。使用单元法的关键在于，首先单元法使用什么计量单位。以停车场为例，一座普通的地上停车场的预算可是每个车位 10000 美元。问题在于，这个价格的依据是什么？可能有如下几项：每个车位约占 300～350 平方英尺；间距也可优化；地基情况较好；

土地平整、要求非常有限的面层，而且是露天空间仅需极少的通风设施。相反，一座设立在土质情况不佳的地下停车场可能会把成本提高至30000美元，而且面层的扩大还会使这个数字增加。此外，如果大部分都是合用停放的方式，那么每个车位的平均面积要增加到400～500平方英尺，使成本上升25%～30%。因此，成本经理必须认真的研究，确保这些比照具有可比性。如果是和过去的项目进行比较，那么成本经理应当仔细的考虑地质情况、工期，以及市场的波动。

（2）体积法

除了用在如货场这类以容量作为其功能的设施上，体积法在美国并不常用。依靠测量，体积法对容量和受容量影响的变动较为灵敏。有趣的是，欧洲国家，特别是德国将体积法作为预算编制的常规方法。这个方法的确很有效，但是如果用于一般的设施则很难掌握。

（3）面积法

在美国，初步预算最常用的是面积法。这个方法同时应用于政府、私营工厂，对建筑和制造业也一样适用。虽然面积法的效率很高，但它完全依赖于面积和进行面积度量的方法上。例如比较办公楼类建筑平方英尺的成本，如果分别使用净面积和总面积两个指标，结果可能要相差30%～40%。对面积成本已有很多公开出版的指导价格；其中得到最普遍引用的是R. S. Means公司。图3-14展示了R. S. Means公司施工价格数据手册的摘录，该手册包含各种建筑类型的汇总，单位面积成本在很多项目中变化是怎么样的，以及如何根据设施的大小对单位面积成本进行调整。面积法是比较有用的方法，因为它表明了项目总成本以及主要分项的预期的变动，这些分项包括卫生设施工程、采暖通风与空调、电气工程。

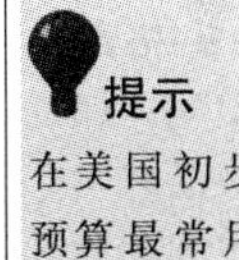

（4）功能区域法

功能区域法是基于空间功能类型的一种估价方法。在建筑中为了使空间功能类型更加清晰，是按照区域的方式进行定义的；例如，在一个学校中，空间的功能包括了教室、自助餐厅、体育馆等等。这个方法与单位面积法比较而言，优点在于随空间功能的不同，估价的基础程序也随之调整。仍

17100	单位成本，以及占总价的百分比										
	17100	平方英尺 & 英尺成本		单位	单位成本			占总价的百分比			
					1/4	中间值	3/4	1/4	中间值	3/4	
700	1800	设备	R17100	平方	5.40	14.40	22	6.10%	13.40%	15.60%	700
	2720	卫生设施	—100	英尺	7.15	8.70	12.40	6.10%	8.30%	9.10%	
	2770	采暖通风与空调			9.45	12.60	16.45	9.40%	12.20%	13%	
	2900	电气			9.60	11.85	15.40	8.50%	10.60%	11.60%	
	3100 5000	汇总：机械与电气			30	31.50	39.50	21.10%	24%	29.50%	
	9000	每座位，总成本：		每座	3300	4400	5600				
	9500	汇总：机械与电气			700	995	1300				
720	0010	**零售店**	R17100	平方英尺	42	56.50	74.50				720
	0020	项目总成本	—100	立方英尺	2.86	4.08	5.65				
	2720	卫生设施		平方英尺	1.54	2.56	4.38	3.20%	4.60%	6.80%	
	2770	采暖通风与空调			3.32	4.34	6.85	6.70%	8.70%	10.10%	
	2900	电气			3.79	5.15	7.45	7.30%	9.90%	11.60%	
	3100	汇总：机械与电气			10.15	13	16.85	17.10%	21.40%	23.80%	
740	0010	**学校**小学	R17100	平方英尺	67	82.50	99.50				740
	0020	项目总成本	—100	立方英尺	4.53	5.80	7.50				
	0500	砖石		平方英尺	6.20	9.75	13.65	7.10%	10.50%	15.20%	
	1800	设备			2.11	3.56	6.30	2.50%	4.20%	7.60%	
	2720	卫生设施			3.87	5.60	7.50	5.70%	7.10%	9.40%	
	2730	采暖通风与空调			5.95	9.50	13.25	8.10%	10.80%	15.20%	
	2900	电气			6.25	7.95	10.15	8.40%	10%	11.60%	
	3100	汇总：机械与电气			21.50	24	33.50	22.20%	28%	30.40%	
	9000	每位学生，总成本：			6700	11000	36000				
	9500	机械与电气		每位	2250	2825	11300				
760	0010	**学校** 初中	R17100	平方英尺	68	84	98.50				760
	0020	项目总成本	—100	立方英尺	4.47	5.85	6.55				
	0500	砖石		平方英尺	7.65	10.20	12.60	8.80%	11.10%	14%	
	1800	设备			2.28	3.67	5.65	2.60%	4.30%	5.90%	
	2720	卫生设施			4.52	5	6.65	5.60%	6.90%	8.10%	
	2770	采暖通风与空调			5.20	10.05	14	8.70%	12.70%	17.40%	
	2900	电气			6.55	8.25	9.95	7.80%	9.40%	10.60%	
	3100	汇总：机械与电气			18.95	24	31.50	23.30%	25.70%	27.30%	
	9000	每位学生，总成本：		每位	8500	9800	12200				
780	0010	**学校** 高中	R17100	平方英尺	73.50	84	118				780
	0020	项目总成本	—100	立方英尺	4.70	6.10	8.60				
	1800	砖石		平方英尺	1.95	4.59	6.80	2.30%	3.70%	5.40%	
	2720	设备			3.79	6.85	11.40	5%	6.90%	12%	
	2770	卫生设施			8.50	9.65	18.55	8.90%	11%	15%	
	2900	采暖通风与空调			7.20	9.50	15.80	8.30%	10.10%	12.60%	
	3100	汇总：机械与电气			19.70	26	48.50	19.80%	23.10%	27.80%	
	9000	每位学生，总成本：		每位	7000	11900	17800				
800	0010	**学校** 职业学校	R17100	平方英尺	60	83.50	106				800
	0020	项目总成本	—100	立方英尺	3.67	5.30	7.40				
	0500	砖石		平方英尺	3.52	8.70	13.30	4%	10.90%	19.90%	
	1800	设备			1.88	2.54	6.45	2.90%	3.40%	4.70%	
	2720	卫生设施		平方英尺	3.84	5.85	8.40	5.40%	7%	8.50%	
	2770	采暖通风与空调			5.35	10	16.70	8.80%	11.90%	14.60%	
	2900	电气			6.15	8.55	12.05	8.40%	11.20%	13.80%	
	3100	汇总：机械与电气			16.25	21.50	41.50	21.70%	27.30%	33.10%	
	9000	每位学生，总成本		每位	8400	22400	33400				
830	0010	**体育场**	R17100	平方英尺	51	70	103				830
	0020	项目总成本	—100	立方英尺	2.85	5.05	6.60				
	2720	卫生设施		平方英尺	2.71	4.51	8.50	4.50%	6.30%	9.40%	
	2770	采暖通风与空调			5.55	7.75	10.10	5.80%	10.20%	13.50%	
	2900	电气			4.51	7.10	8.90	7.70%	9.80%	12.30%	
	3100	汇总：机械与电气			13.25	23.50	30.50	13.40%	22.50%	30.80%	

图 3-14　R. S. Means 公司单位面积成本历史数据

R17100 单位面积成本修正

影响建筑单位面积成本的一个重要方面就是项目的大小。对于在同样地点参照同样标准修建的建筑，较大的建筑单位面积成本一般较低。这主要是因为在较大的建筑中因为比例的放大外墙能得到低价分摊。在下面显示的面积变化的范围提供了调整系数，以典型项目的成本为基础可调整特定项目的成本。面积参考表列出了单位成本的中间价，典型面积，典型面积范围。特定项目的面积系数是由建筑类型中的项目面积决定的。用这一乘数，再使用合适的尺寸转换面积比例，可以计算特定项目的成本调整数。

案例：确定中层公寓建筑的单位面积成本

$$\frac{\text{待建建筑面积}=100000\text{ 平方英尺}}{\text{典型面积范围低值}=50000\text{ 平方英尺}}=2.00$$

面积转换比例为 2.00，参照曲线，读出水平成本乘数为 0.94，按照平均成本调整为 0.94 × $72.00 = $67.70。

注意：如果面积系数小于 0.5，成本乘数是 1.1

如果面积系数大于 3.5，成本乘数是 0.9

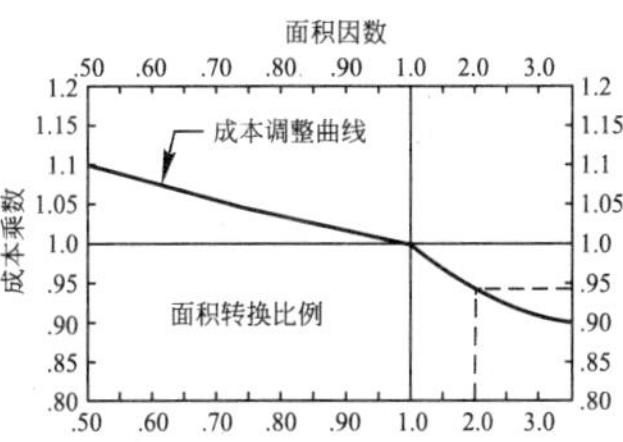

面积参考尺寸表							
建筑类型	单位成本中间价	典型面积	典型面积范围	建筑类型	单位成本中间价	典型面积	典型面积范围
公寓楼，低层	$57.00	21000	9700～37200	监狱	$174.00	40000	5500～145000
公寓楼，中层	72.00	50000	32000～100000	图书馆	103.00	12000	7000～31000
公寓楼，高层	82.55	145000	95000～600000	门诊部	98.20	7200	4200～15700
礼堂	95.30	25000	7600～39000	诊所	92.25	6000	4000～15000
自动售货	58.95	20000	10800～28600	汽车旅馆	70.65	40000	15800～120000
银行	128.00	4200	2500～7500	疗养院	92.10	23000	15000～37000
教堂	86.05	17000	2000～42000	办公室 低层	76.95	20000	5000～80000
俱乐部乡村	85.80	6500	4500～15000	办公室 中层	80.80	120000	20000～300000
俱乐部 社区	83.45	10000	6000～13500	办公室 高层	103.00	260000	120000～800000
俱乐部 基督教青年会	83.70	28300	12800～39400	警察局	129.00	10500	4000～19000
大学(课室)	112.00	50000	15000～150000	邮局	95.30	12400	6800～30000
大学(科研院)	164.00	45600	16600～80000	发电厂	716.00	7500	1000～20000
大学(学生活动大楼)	125.00	33400	16000～85000	修道院	78.95	9000	6000～12000
社区活动中心	89.70	9400	5300～16700	研究所	134.00	19000	6300～45000
法院	122.00	32400	17800～106000	旅馆	116.00	4400	2800～6000
百货商店	53.25	90000	44000～122000	零售店	56.60	7200	4000～17600
宿舍 低层	91.95	25000	10000～95000	学校，小学	82.45	41000	24500～55000
宿舍 中层	120.00	85000	20000～200000	学校，初中	84.00	92000	52000～119000
工厂	51.60	26400	12900～50000	学校，高中	83.95	101000	50500～175000
消防队	90.15	5800	4000～8700	学校，职业学校	83.65	37000	20500～82000
联谊会会堂	88.65	12500	8200～14800	体育场	70.10	15000	5000～40000
殡仪馆	99.10	10000	4000～20000	超市	56.80	44000	12000～60000
车库，社区	62.95	9300	5000～13600	游泳池	131.00	20000	10000～32000
车库，城市	80.55	8300	4500～12600	电话局	153.00	4500	1200～10600
车库，公园	33.00	163000	76400～225300	剧院	84.05	10500	8800～17500
体育馆	83.30	19200	11600～41000	市政厅	92.45	10800	4800～23400
医院	157.00	55000	27200～125000	仓库	38.10	25000	8000～72000
房屋(中老年)	77.95	37000	21000～66000	仓库及办公室	44.00	25000	8000～72000
住宅群(公众)	72.15	36000	14400～74400				
溜冰场	80.20	29000	27200～33600				

图 3-14 （续表）

然用学校作为例子，教室的单位成本可能为100美元/平方英尺，然而体育馆的成本可能为200美元/平方英尺。通过在典型设计下的总体比例可以得出总体的单位面积成本。如果不同的设施设计相似，那么它们的单位面积成本可能也是相似的；相反，如果设计显著不同，那么单位面积成本也不一样。此方法对设计要素的变动较为灵敏。

功能区域法在应用中有两种不同的方法：第一种，是依靠建筑的建筑类型；第二种，是依靠核心结构和框架结构再加上不同功能的建筑类型。第一种方法中假设了框架和核心结构是等量的。而第二种方法则分离了核心结构和框架结构的成本，之后再估价各类型的成本。图3-15提供了使用了这两种方法计算一所学校的范例，其中你可以发现这两种方法得出了同样的总成本。

建筑类型

面积			建筑类型		单位成本		总成本
25000	平方英尺	的	教室	×	$90.00	=	$2250000.00
6000	平方英尺	的	实验室	×	$175.00	=	$1050000.00
12000	平方英尺	的	体育馆	×	$145.00	=	$1740000.00
8000	平方英尺	的	礼堂	×	$205.00	=	$1640000.00
合计 51000	**平方英尺**				**$130.98**		**$6680000.00**

核心 & 框架+功能

面积			建筑类型		单位成本		总成本
51000	平方英尺		核心 & 框架	×	$ 65.00	=	$ 3315000.00
25000	平方英尺	的	教室	×	$25.00	=	$ 625000.00
6000	平方英尺	的	实验室	×	$110.00	=	$ 660000.00
12000	平方英尺	的	体育馆	×	$80.00	=	$ 960000.00
8000	平方英尺	的	礼堂	×	$140.00	=	$1120000.00
总计 51000	**平方英尺**				**$ 130.98**		**$ 6680000.00**

核心 & 框架+功能(调整)

面积			建筑类型		单位成本		总成本
51000	平方英尺		核心 & 框架	×	$ 60.00	=	$ 3060000.00
25000	平方英尺	的	教室	×	$25.00	=	$ 625000.00
6000	平方英尺	的	实验室	×	$110.00	=	$ 660000.00
12000	平方英尺	的	体育馆	×	$80.00	=	$ 960000.00
8000	平方英尺	的	礼堂	×	$140.00	=	$1120000.00
总计 51000	**平方英尺**				**$ 125.98**		**$6425000.00**

图3-15　功能区域法范例

这两种方法都是有效的，但是第二种更加精确和灵敏，因为在第二种方法中，对核心结构和框架结构以及不同的空间类型计算有所区别。图 3-15 显示了设计方法基本设定的变化，从而导致以不同方式组合的核心和框架的大开间结构将减少对核心和框架结构成本的影响；因此，结果会有所不同。在这个例子中，核心和框架结构成本会从 65 美元/平方英尺减少到 60 美元/平方英尺，降低 5 美元/平方英尺。其他部分的成本将保持不变，但是总成本将近降低了 250000 美元。核心和框架加功能空间的方式能随不同的设计方法而变化，更具机动性和敏感性。特别是当项目的成本受外围结构设计影响较大时这种方法特别有价值。

使用功能区域法，业主可以为制定初始预算设定方法。联邦政府也使用这种方法作为制定预算的系统。特别是美国总务管理局早在 20 世纪 90 年代制定了“联邦政府及法院办公楼建筑成本评审综合指南”(GCCRG)。从这个指南中摘录了有关建筑类型成本的例子列示在图 3-16 中；图 3-17 展示了一个用 GCCRG 指南进行估价的完整例子。总务管理局在指南中将建筑类型分为 16 个标准类型，并且根据合适的范围由低到高排列。其列示的成本都是来自典型的建筑物类型和建筑类型。这套系统是以净面积来计算的，之后扩展到总面积，最后再得出单位总面积的成本。在表中能看到，法院建筑的成本几乎是普通办公楼的两倍，每种建筑类型中都包括了分摊的流转和支持空间。法院的净单位面积成本显然更高。现在，总务管理局正在修订这一系统，使之转向核心和框架结构加功能区域法，因为如前所述这样可以得到更加精确和灵敏的预算。这一体系估价在 2002 年年中就可以公开发布了。

私人的预算体系同样可以利用基于建筑类型的估价。有一套由 Talisman Partners 制定的体系，被称为 PACES。读者可以在公司网站 www.talpart.com 上进一步了解该方法的情况。

序号	建筑类型*	低价 $/平方英尺 $/平方米	标准价 $/平方英尺 $/平方米	高价 $/平方英尺 $/平方米
1	普通办公室	**$120.00/平方英尺** $1290.00/平方米	**$126.00/平方英尺** $1350.00/平方米	**$147.00/平方英尺** $1590.00/平方米
2	办公室 (带装修的政府办公楼)	**$136.00/平方英尺** $1460.00/平方米	**$143.00/平方英尺** $1545.00/平方米	**$168.00/平方英尺** $1800.00/平方米
3	ST-1 普通仓储	**$74.00/平方英尺** $800.00/平方米	**$104.00/平方英尺** $1120.00/平方米	**$136.00/平方英尺** $1460.00/平方米
4	ST-2 室内停车场	**$57.00/平方英尺** $610.00/平方米	**$68.00/平方英尺** $731.00/平方米	**$74.00/平方英尺** $800.00/平方米
5	室外停车场(车库结构)	**$30.00/平方英尺** $320.00/平方米	**$34.00/平方英尺** $370.00/平方米	**$39.00/平方英尺** $420.00/平方米
6	ST-3 仓库	**$75.00/平方英尺** $810.00/平方米	**$83.00/平方英尺** $900.00/平方米	**$98.00/平方英尺** $1050.00/平方米
7	SP-1A 实验室	**$170.00/平方英尺** $1820.00/平方米	**$171.00/平方英尺** $1845.00/平方米	**$229.00/平方英尺** $2460.00/平方米
8	SP-1B 卫生间・诊所・健身设施/儿童保育	**$163.00/平方英尺** $1750.00/平方米	**$168.00/平方英尺** $1800.00/平方米	**$171.00/平方英尺** $1840.00/平方米
9	SP-2 饮食服务	**$150.00/平方英尺** $1620.00/平方米	**$164.00/平方英尺** $1761.00/平方米	**$186.00/平方英尺** $2010.00/平方米
10	SP-3A 结构转换区	**$163.00/平方英尺** $1750.00/平方米	**$183.00/平方英尺** $1980.00/平方米	**$201.00/平方英尺** $2160.00/平方米
11	SP-3B 法庭	**$200.00/平方英尺** $2150.00/平方米	**$221.00/平方英尺** $2380.00/平方米	**$241.00/平方英尺** $2600.00/平方米
12	SP-4 自动数据处理	**$166.00/平方英尺** $1780.00/平方米	**$180.00/平方英尺** $1940.00/平方米	**$216.00/平方英尺** $2330.00/平方米
13	SP-5A 会议室和教室练习室	**$133.00/平方英尺** $1430.00/平方米	**$145.00/平方英尺** $1570.00/平方米	**$160.00/平方英尺** $1720.00/平方米
14	SP-5B 司法审讯室，小法庭	**$185.00/平方英尺** $2000.00/平方米	**$207.00/平方英尺** $2225.00/平方米	**$226.00/平方英尺** $2430.00/平方米
15	SP-5C 聆讯间	**$157.00/平方英尺** $1690.00/平方米	**$159.00/平方英尺** $1710.00/平方米	**$176.00/平方英尺** $1900.00/平方米
16	SP-6 轻工业	**$106.00/平方英尺** $1140.00/平方米	**$114.00/平方英尺** $1230.00/平方米	**$124.00/平方英尺** $1330.00/平方米

图 3-16 总务管理局的“联邦政府及法院办公楼建筑成本评审综合指南”：建筑类型成本

一般建筑成本分析				1 页/共 1 页
项目名称： 新建联邦法院	目的或目标： 编制成本分析—建筑方案			GCCRG 出版日期： 10/01/1996
城市，州 罗利，北卡罗来纳州	GCCRG 应用地区： 北卡罗来纳州	建筑加价年率： 3.00%	GCCRG 成本指数： 0.83	分析日期： 12/15/1996
估价师： John Doe	组织名称： XPCP	电话号码： (202) 501-0000	抗震系数： 1.00	估价日期： 12/25/1996
投资组合管理协调员： Steve Smith	组织名称： XPLX	电话号码： (202)501-1321	其他类型指数： 1.00	基准日期： 01/01/2000

建筑类型 （直接包括或加入）	**面积** 占用	效率	总面积	**单位成本** 参考 GCCRG 表	**空间成本** 考虑地区和 GCCRG 日期因数	**空间成本** 考虑基准日期加价
普通办公室（等比规划）	150000	72%	208333	$126.00	$21788000	$23986000
办公室（带装修的政府办公楼）	0	0%	0	$0.00	$0	$0
ST-1 普通仓储	2450	81%	3025	$104.00	$261000	$287000
ST-2 室内停车场	35900	86%	41744	$68.00	$2356000	$2594000
室外停车场（车库结构）	0	0%	0	$0.00	$0	$0
ST-3 仓库	0	0%	0	$0.00	$0	$0
SP-IA 实验室	0	0%	0	$0.00	$0	$0
SP-IB 卫生间．诊所．健身设施/儿童保育	4100	61%	6721	$168.00	$937000	$1032000
SP-2 饮食服务	5800	68%	8529	$164.00	$1161000	$1278000
SP-3A 结构转换区	3000	74%	4054	$183.00	$616000	$678000
SP-3B 法庭	24000	65%	36923	$221.00	$6773000	$7456000
SP-4 自动数据处理	10580	65%	16277	$180.00	$2432000	$2677000
SP-5A 会议室和教室练习室	6500	65%	10000	$145.00	$1204000	$1325000
SP-5B 司法审讯室，小法庭	12000	65%	18462	$207.00	$3172000	$3492000
SP-5C 聆讯间	18000	65%	27692	$159.00	$3655000	$4024000
SP-6 轻工业	0	0%	0	$0.00	$0	$0
其他	0	0%	0	$0.00	$0	$0
其他	0	0%	0	$0.00	$0	$0

注释：单位成本和使用效率仅适用于支持的空间类型。场地开发成本已包括在单位成本内。
空间单位成本反映：或有费用（设计 & 施工），常规费用/利润，设计费用和其他留置权

合计	272300	**使用面积**	381800	**总建筑面积**	$44355000	$48829000

建筑空间总体利用率＝70%不含停车场；　＝71%含停车场

图 3-17　总务管理局联邦政府及法院办公楼建筑成本评审综合指南：估价实例

2. 参数/成本模型法

参数和成本模型法是利用预先确定的模型和统计分析工具来预计建筑物的成本。在建筑物规划阶段，这种方法适用于重复建筑的项目，或者是分析和需求的基础基本一致时。在成本预计中，对建筑物的统计是成本预测和预计的一个基础工具，特别是对于包括了管道系统和加工生产线的分项而言更加重要。但是这些方法在建筑施工阶段并不常用。

图 3-18 里展示了一个应用成本模型统计方法的例子，从图上我们得出的分析结论是，随不同的建造尺寸建筑成本在统计上表现出相应的变化。该图的分析基础是回归分析，回归分析是一种将散点数据拟合为连续曲线的方法。有意思的是，R. S. Means 公司也是通过统计导出规律曲线的方式对不同体量的建筑成本进行调整(参见图 3-14)。可能通过统计分析的方法我们可以利用很多的历史数据和方法。

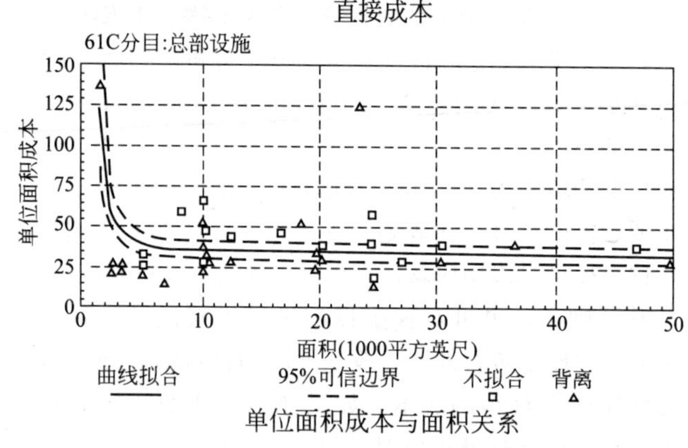

图 3-18　成本模型统计系统案例

成本模型也可以通过计算机模型来制定与建筑类型相关的表格、图形以及图表。

在过去的几年中，已经开发了几种成本模型软件系统；主要是通过可视化的表格和图形来帮助设计人员确定数量。这些软件系统也被用作成本模型的前端处理。但是经验表明，要想在实际应用中将这种软件和报价体系连接起来非常困难。REV1T 公司的 www. revit. com. 网站上有一个此类软件，读者可以自行浏览。

3. 系统/分部成本分析

通过系统/分部成本分析方法可以连接起在前期的概念性的成本估价，和后期的基于工程量的成本测算。这种方法的基础就是将各建筑细分成各分部工程，一般是以 UNIFORMAT 体系作为细分的基础。数据能达到的深度水平主要受设计细节的影响。

如果设计信息不足，那么估价师同设计人员共同工作就显得非常必要，因为这样才能明确估价所需的设定情况。这种情况下，也可以在利用类似设施或者建筑分部的历史数据，否则就必须利用通常所说的“汇编”。

当建筑的类型和规划的分部单元相似的情况下，依靠历史成本进行估价是有效的办法。应当针对偏差调整历史成本基数——本质上是对基础统计数据进行加减调整。我们以一个小学为例，对同类规划进行成本估价的分项分析。图 3-19 展示了对最近在华盛顿特区兴建的一所小学应用系统/分项方法的概要。项目的总面积为 77200 平方英尺，建筑总费用为 660 万美元，单位面积成本为 85 美元/平方英尺。图中展示的是该学校成本重要数据的统计。在规划、施工以及设计都大体相同的前提下，这个模型可以用作新建小学设计阶段的分析基础。

在其基础上，也可对这个模型进行增减调整。例如，图 3-19所示的学校是砖石外墙；改变外墙的材料将会使成本高于或低于使用砖石材料的成本。如果知道总体的墙体面积，依靠对不同材料的选择就可以对项目的成本进行调整。

公开出版的此类信息有很多，可以用作估价的制定，也可以用作对使用其他方法制定的估价进行交互核对。

R. S. Means 公司出版了一本名为《单位平方面积成本》的手册，包括了不同建筑类型的成本模型，以及影响模型的要素设定的具体描述(例如，墙体、装修以及机械系统的选择等等)。图 3-20 摘录了该手册内关于校舍建筑的部分内容。对

项目说明：**小学，弗吉尼亚州-例 1**		投标日期：	11/1996
项目类型：**学校**		工期(月)：	14
总建筑面积：(GSF)	77200	市场情况：	好

系统/分部说明	UNIFORMAT 参考	总成本	单位面积成本	占建筑百分比%	分项分析 计量对象	单位	成本/单位 数值	
建筑		b	b/总面积	b/27			c	b/c
1 地基	(A10)	506192	6.56	9.3%	建筑占地面积	平方英尺	77200	6.56
2 标准地基	(A1010)	302142	3.91	5.6%	建筑占地面积	平方英尺	77200	3.91
3 其他地基	(A1020)	—	—	0.0%	建筑占地面积	平方英尺	77200	—
4 地基底板	(A1030)	204050	2.64	3.8%	建筑占地面积	平方英尺	77200	2.64
5 基础	(A20)	—	—	0.0%	建筑占地面积	平方英尺	77200	—
6 基础小计	(A)	506192	6.56	9.3%	建筑占地面积	平方英尺	77200	6.56
7 上部结构	(B10)	400900	5.19	7.4%	总建筑面积	平方英尺	77200	5.19
8 外围结构	(B20)	537917	6.97	9.9%	外围面积	平方英尺	31000	17.35
9 屋面工程	(B30)	273275	3.54	5.0%	屋面表面积	平方英尺	80000	3.42
10 框架小计	(B)	1212092	15.70	22.3%	总建筑面积	平方英尺	77200	15.70
11 室内	(C10)	560523	7.26	10.3%	总建筑面积	平方英尺	77200	7.26
12 楼梯	(C20)	—	—	0.0%	总建筑面积	平方英尺	77200	—
13 室内装修	(C30)	394833	5.11	7.3%	总建筑面积	平方英尺	77200	5.11
14 室内工程小计	(C)	955356	12.38	17.6%	总建筑面积	平方英尺	77200	12.38
15 传送系统	(D10)	7288	0.09	0.1%	总台数	每 项	1	7288
16 卫生设施	(D20)	447800	5.80	8.2%	总数	每 项	150	2985
17 采暖与通风空调	(D30)	1049400	13.59	19.3%	吨(或热量单位/小时)	每 项	200	5247
18 消防	(D40)	151800	1.97	2.8%	消防区	平方英尺	77200	1.97
19 电气	(D40)	859866	11.14	15.8%	总建筑面积	平方英尺	77200	11.14
20 电气设施 & 配电系统	(D50)	182120	2.36	3.4%	接入千瓦数	千 瓦	650	280
21 照明 & 布线	(D5010)	286132	3.71	5.3%	总建筑面积	平方英尺	77200	3.71
22 通信 & 安全	(D5020)	205778	2.67	3.8%	总建筑面积	平方英尺	77200	2.67
23 其他电气系统	(D5030)	185836	2.41	3.4%	总建筑面积	平方英尺	77200	2.41
24 室内设施小计	(D)	2516154	32.59	46.3%	总建筑面积	平方英尺	77200	32.59
25 设备及陈设小计	(E)	211210	2.74	3.9%	总建筑面积	平方英尺	77200	2.74
26 特殊工程 & 拆除小计	(F)	28500	0.37	0.5%	总建筑面积	平方英尺	77200	0.37
27 建筑总计		$5429504	$70.33	100.0%	居住单位	每 项	750	$7239
28 场地工程 & 市政设施		—						
29 场地准备	(G10)	467598	6.06	8.6%	总场地面积	平方英尺	600000	0.78
30 场地改善	(G20)	85122	1.10	1.6%	总场地面积	平方英尺	600000	0.14
31 场地机械设施	(G30)	301500	3.91	5.6%	总场地面积	平方英尺	600000	0.50
32 场地电气设施	(G40)	—	—	0.0%	总场地面积	平方英尺	600000	—
33 其他场地临建	(G50)	—	—	0.0%	总场地面积	平方英尺	600000	—
34 场地工程 & 市政设施总计	(G)	854220	11.07	15.7%	总场地面积	平方英尺	600000	1.42
35 常规费用、管理费以及利润@	5.1%	322647	4.18	5.9%				
36 当前总体成本		$6606371	$85.57	121.7%	居住单位	每 项	750	$8808
37 或有费用	@	—	—	0.0%				
38 价格浮动	@	—	—	0.0%				
39								
40 预计总体成本		$6606371	$85.57	121.7%	居住单位	每 项	750	$8808

	参数	单位	数值
1	总建筑面积	平方英尺	77200
2	占地面积	平方英尺	77200
3	总外围面积	平方英尺	31000
4	门窗率	%	12%
5	屋面表面积	平方英尺	80000
6	传送设施总台数	台	1
7	吨(或热量单位/小时)	t	200
8	卫生设施总数	每项	150
9	消防区域面积	平方英尺	77200
10	接入千瓦数	kW	650
11	居住单位	每项	750
12	平均层高	英尺	12
13	总场地面积	平方英尺	600000
14	总建筑面积/居住单位	平方英尺/每项	103

区域分析	区域(平方英尺)
基础	—
地板	77200
楼板	
阁楼	
其他区域	—
总房屋面积	77200

图 3-19　系统/分部估价案例

2层高、面积为110000平方英尺建筑 用成本模型法进行成本计算			2~3层初中建筑			
			单位	单位成本	单位面积成本	占小计的%
A. 基础						
1010	标准地基	浇筑混凝土：条形基础和扩展基础	平方英尺．地面	1.66	.83	5.4%
1030	地基底板	带防潮层的4″钢筋混凝土底板	平方英尺．板	3.42	1.71	
2010	基础开挖	为底板平整场地，为基础墙和基础放脚开挖沟槽	平方英尺．地面	1.09	.55	
2020	基础墙	4′基础墙	英尺．墙	52	.91	
B. 框架						
B10 上部结构						
1010	地板	铺结构次梁，模板，混凝土，柱子	平方英尺．楼面	16.30	8.15	15.2%
1020	屋面	金属屋面板，铺结构次梁，柱子	平方英尺 屋面	6.34	3.17	
B20 外围结构						
2010	外墙	混凝土砌块上贴面砖 75%墙面	平方英尺 墙面	21	6.53	14.0%
2020	外窗	玻璃墙 25%墙面	每项	34	3.53	
2030	外门	双层铝合金 & 玻璃	每项	1405	.37	
B30 屋面工程						
3010	屋面覆盖层	改性焦油以及砾石防水层；珍珠岩/聚苯乙烯保温层	平方英尺屋面	3.96	1.98	2.7%
3020	屋面开口	屋面上人孔	平方英尺屋面	.04	.02	
C. 室内工程						
1010	分隔	混凝土砌块	平方英尺隔断	6.04	3.02	25.2%
1020	内门	金属包皮单扇防火门	每项	537	.72	
1030	部件	卫生间隔板，黑板	平方英尺楼面	1.17	1.17	
2010	楼梯	混凝土以及金属板	每跑	5075	.28	
3010	墙面装修	50%涂刷，40%光面涂层，10%瓷砖	平方英尺表面	5.96	2.98	
3020	地板装修	50%乙烯基复合地面砖，30%地毯，20%水磨石	平方英尺地面	6.88	6.88	
3030	顶棚装修	Z字钢框架安装矿纤维板	平方英尺顶棚	3.71	3.71	
D. 室内设施						
D 10 传送系统						
1010	电梯和起重机	液压传动电梯	台	51700	.47	0.6%
1020	自动扶梯 & 传送道	无	—	—	—	
D 20 卫生设施						
2010	卫生设备	厨房，卫生间及附属设施，供水和排水	每项	2480	2.12	3.5%
2020	室内供水管道	燃气热水器	平方英尺地面	.22	.22	
2040	雨水排放	屋面排水管	平方英尺屋面	.46	.23	
D 30 HVAC						
3010	能源	无	—	—	—	18.6%
3020	制热	含在D3030中	—	—	—	
3030	制冷	多区单元，燃气制热，电机制冷	平方英尺地面	13.85	13.85	
3050	终端 & 组合单元	无	—	—	—	
3090	其他采暖与通风空调系统	无		—	—	
D 40 防火						
4010	喷淋系统	喷淋器，燃料负荷低的房屋	平方英尺地面	.27	.27	0.4%
4020	消防竖管	无	—	—	—	
D 50 电气						
5010	电气设施 & 配电系统	1600A配电盘和馈电线	平方英尺地面	.84	.84	14.3%
5020	照明 & 布线	荧光灯具，插座，开关，交流电和其他电力	平方英尺地面	7.08	7.08	
5030	通信 & 安全	警报系统，通信系统和紧急照明	平方英尺地面	2.46	2.46	
5090	其他电气系统	备用发电机，100kW	平方英尺地面	.32	.32	
E. 设备及陈设						
1010	商用设备	无	—	—	—	0.1%
1020	研究设备	试验计数器	平方英尺地面	08	.08	
1030	车用设备	无	—	—	—	
1090	其他设备	无	—	—	—	
F. 特殊工程 & 拆除						
1020	综合工程	无	—	—	—	0.0%
1040	特殊设施	无	—	—	—	
G. 场地工程 无						
				小计	74.45	**100%**
承包人报酬(一般费为10%，管理费5%，利润：10%)				25%	18.61	
设计师报酬				7%	6.49	
				建筑总成本	**99.55**	

图 3-20 R. S. Means公司出版的“平方英尺成本”初中校舍摘录

这个模型进行基础性的增减调整后，它也可适用于其他情况的项目。

使用这种方法的第二个步骤就是以分项工程体系，按照设计的具体情况来制定估价。这一步骤内可能还需要接合定价的机制，例如，所选部分的历史成本，是体系还是累加，成本分析的详细程度。根据项目的标准设计或者设计细节，可以较早的决定是集合还是体系，可以使用重复的基础数据，或者从公开出版的成本信息中提炼出来；或是为每个单独的分项制定小型的估价。图 3-21 列出了一个复合屋面施工的计算成本例子。在这个案例中，如果预期的设计没有什么更改，那么每平方英尺 4 美元的结果是基本正确的。

屋面系统—4 层复合屋面			
— 含绝缘和防潮的 4 层复合屋面	7840 平方英尺@＄3.45	…	＄27048
— 铝合金遮雨板以及栏杆和女儿墙	438 英尺@＄7.30	…	3197
— 双层塑料天窗，包括围边等等	27 平方英尺@＄45.00	…	1215
		…	＄31460
分部成本＝＄31460÷7840 平方英尺		…	**＄4.02/平方英尺**

图 3-21　汇集案例

此方法的最后几个步骤如下：

(1) 按照设计或者假定，测量并确认关键分项的工程量。

(2) 为该工程量和相应性能，从小型估价或者发行的信息中选择单价。

(3) 在基础信息和历史信息的基础上估价出主要分项的成本，并做适当调节。

(4) 汇集出整个估价成本。

公开出版的手册中可以得到很多成本汇编的信息，例如 R. S. Means 公司就出版了成本数据汇编一书。图 3-22(*a*)和(*b*)是其部分摘录。

4. 工程量估价方法

工程量估价方法通常用于详细设计阶段，或者在估价师

B20 外围结构

B2010 外墙

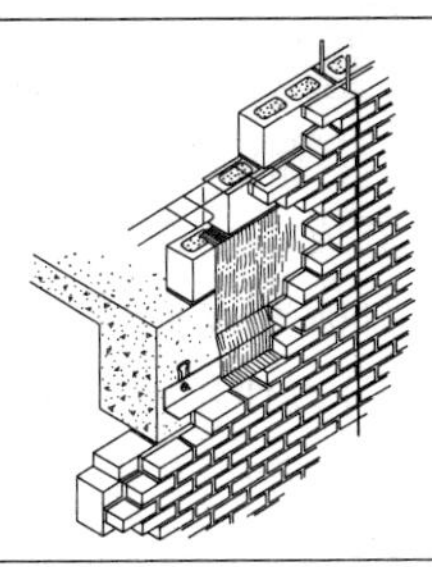

砖面复合墙体的定义为：面砖以及结构砌块类型，结构砌块厚度和绝缘层。该分项还包括三砖厚的结构墙。七种类型的面砖对应七类结构墙。整个结构包括一层砖墙，到结构层的加固钢筋以及必需的防潮，防雨和间隔 20′的控制缝。

分项	工程量	单位	单位面积成本		
			材料	人工	合计
体系 B20101301120					
复合墙体，标准面砖，6″厚混凝土砌块，填充珍珠岩					
面砖面板，标准，顺砖压缝砌合	1.000	平方英尺	2.92	7.75	10.67
清理面砖	1.000	平方英尺	.02	.67	.69
混凝土砌块	1.000	平方英尺	1.46	4.25	5.71
墙砖	.300	每块	.04	.11	.15
珍珠岩绝缘层，浇筑	1.000	平方英尺	.32	.22	.54
挡水板，铝合金	.100	平方英尺	.09	.25	.34
外包板固定角铁	1.000	磅	.52	.68	1.20
控制缝	.050	英尺	.06	.05	.11
后部杆	.100	英尺		.08	.08
密封层	.100	英尺	.02	.20	.22
接头	1.000	平方英尺	.31	.44	.75
合计			5.76	14.70	20.46

B2010 130	砖面复合墙体一双砖墙体							
	面砖	基底砌块	基底厚度（英寸）	基底填充		单位面积成本		
						材料	人工	合计
1000	标准	普通砖	4	无		6.25	17.65	23.90
1040		多孔砖	6	无		8.40	15.75	24.15
1080		混凝土砌块	4	无		4.97	14.20	19.17
1120			6	珍珠岩		5.75	14.70	20.45
1160				泡沫聚苯乙烯		6.35	14.50	20.85
1200			8	珍珠岩		6.05	15.05	21.10
1240				泡沫聚苯乙烯		6.45	14.75	21.20
1280		轻质砖	4	无		5.15	14.10	19.25
1320			6	珍珠岩		5.90	14.60	20.50
1360				泡沫聚苯乙烯		6.50	14.40	20.90
1400			8	珍珠岩		6.40	14.95	21.35
1440				泡沫聚苯乙烯		6.85	14.65	21.50
1520		罩面砖	4	无		10.95	15.15	26.10
1560			6	珍珠岩		11.65	15.60	27.25
1600				泡沫聚苯乙烯		12.25	15.40	27.65
1640			8	珍珠岩		12.15	16	28.15
1680				泡沫聚苯乙烯		12.60	15.75	28.35

图 3-22(*a*) 引自 R. S. Means 公司的成本汇集案例

B20 外围结构

B2010 外墙

B2010 130	砖面复合墙体-双砖墙体						
	面砖	基底砌块	基底厚度（英寸）	基底填充	单位面积成本		
					材料	人工	合计
1720	标准	黏土砖	4	无	8.10	13.65	21.75
1760			6	无	8.15	14	22.15
1800			8	无	9.50	14.50	24
1840		罩面砖	4	无	11.45	18	29.45
1880							
2000	罩面	普通砖	4	无	10.80	18	28.80
2040		多孔砖	6	无	13	16.10	29.10
2080		混凝土砌块	4	无	9.55	14.55	24.10
2120			6	珍珠岩	10.35	15.05	25.40
2160				泡沫聚苯乙烯	10.90	14.85	25.75
2200			8	珍珠岩	10.60	15.40	26
2240				泡沫聚苯乙烯	11.05	15.10	26.15
2280		轻质砖	4	无	9.75	14.45	24.20
2320			6	珍珠岩	10.50	14.95	25.45
2360				泡沫聚苯乙烯	11.05	14.75	25.80
2400			8	珍珠岩	11	15.30	26.30
2440				泡沫聚苯乙烯	11.45	15	26.45
2520		罩面砖	4	无	15.50	15.50	31
2560			6	珍珠岩	16.25	15.95	32.20
2600				泡沫聚苯乙烯	16.80	15.75	32.55
2640			8	珍珠岩	16.75	16.35	33.10
2680				泡沫聚苯乙烯	17.15	16.10	33.25
2720		黏土砖	4	无	12.70	14	26.70
2760			6	无	12.75	14.35	27.10
2800			8	无	14.05	14.85	28.90
2840		罩面砖	4	无	16	18.35	34.35
2880							
3000	工程	普通砖	4	无	6.45	16.45	22.90
3040		多孔砖	6	无	8.65	14.55	23.20
3080		混凝土砌块	4	无	5.20	13	18.20
3120			6	珍珠岩	6	13.50	19.50
3160				泡沫聚苯乙烯	6.55	13.30	19.85
3200			8	珍珠岩	6.25	13.85	20.10
3240				泡沫聚苯乙烯	6.70	13.55	20.25
3280		轻质砖	4	无	4.26	9.20	13.46
3320			6	珍珠岩	6.10	13.40	19.50
3360				泡沫聚苯乙烯	6.70	13.20	19.90
3400			8	珍珠岩	6.65	13.75	20.40
3440				泡沫聚苯乙烯	7.05	13.45	20.50
3520		罩面砖	4	无	11.15	13.95	25.10
3560			6	珍珠岩	11.85	14.40	26.25
3600				泡沫聚苯乙烯	12.45	14.20	26.65
3640			8	珍珠岩	12.35	14.80	27.15
3680				泡沫聚苯乙烯	12.80	14.55	27.35
3720		黏土砖	4	无	8.35	12.45	20.80
3760			6	无	8.40	12.80	21.20
3800			8	无	9.70	13.30	23
3840		罩面砖	4	无	11.65	16.80	28.45
4000	罗马	普通砖	4	无	8	16.70	24.70
4040		多孔砖	6	无	10.20	14.80	25

图 3-22(*b*)　引自 R. S. Means 公司的成本汇集案例

可以确定整个项目或者主要部分的工程量以及价格时。实际定价的方法有总价法，或者是劳务、材料和设备分别定价。此方法无须了解各个单项的详细的细节，例如工作是如何执行的等等。

图 3-23(*a*)是一个详细的工程量计算案例的摘录。在这个例子中，其分解结构遵照 UNIFORMAT 体系(初版)。现在已有很多内容为单位成本数据的出版物。其中得到公认的是 R. S. Means 公司的建筑施工成本数据(BCCD)，图 3-23(*b*)是其部分摘录。

五、处理增加成本和或有费用

成本增加和或有费用是实际产生的费用，在估价制定阶段不能准确确定这两个费用。可以说只要是估价，都应包括成本增加和或有费用。

成本增加来自估价与投标或实施期间的通货膨胀。因为估价制定只能确定当时时点的成本，所以未来的成本增加因素很自然的会使成本上升。成本增加有两方面的子项：

- 在工程施工期间可能发生成本增加。为简单起见，假设在工程施工的时间中点之前完成 50%的工程量，之后也完成 50%的工程量。因此在这个时间点制定估价，估价必然逐渐向施工的时间中点增加，这是在投标中必须考虑到的潜在因素。这也被称为投标估价。
- 在估价到投标期间可能发生成本增加。为了使估价可以反映未来投标时点的成本，投标估价应当考虑在投标估价和投标两者期间内的成本增加因素。

大家应注意到，如果分包商对某工程提供了一份确定的报价，即使有成本增加，那么也已包括在该报价中了。读者可以回上文参考图 3-11 和图 3-12，以对成本增加有一个直观的了解。

在估价阶段或有费用也是一个不能完全确定的因素，但是或有费用却包括在项目范围之内。或有费用虽然是一个单独的因素，但实际它是由以下几方面组成：

范例				**15日-5月-2001年**
升级至100%设计概算				**建筑总面积：3930**
编号	**内容**	**工程量**	**单价**	**小计**
01	**基础**			
0101	标准地基			
010101	墙基			
01010101	开挖基墙放脚	$457m^3$	15.70	7175
01010102	基墙放脚结束开挖	$229m^3$	15.70	3595
01010103	支基墙放脚侧模	$144m^2$	37.70	5429
01010104	支基墙模板	$340m^2$	37.70	12818
01010105	基墙侧面支砖模	18m	8.50	153
01010106	安放基础钢筋	2Te	1500.00	3000
01010107	安放基础放脚钢筋(基础放脚的单位宽度内3×5间距)	2Te	1500.00	3000
01010108	基础周边排水(不详述)	252m	26.25	6615
01010109	浇筑基础混凝土	$56m^3$	165.00	9240
01010110	浇筑基础放脚混凝土	$44m^3$	135.00	5940
01010111	2″厚的钢性绝缘层	$216m^2$	10.76	2324
01010112	土方回填	$548m^3$	7.80	4274
010102	柱基和撞击			
01010201	开挖扩展底座	$361m^3$	15.70	5668
01010202	结束开挖	$181m^3$	15.70	2842
01010203	扩展底座侧边支模	$115m^2$	37.70	4336
01010204	安放扩展底座钢筋	2Te	1500.00	3000
01010205	浇筑扩展底座混凝土	$54m^3$	165.00	8910
01010206	土方回填	$497m^3$	7.80	3877
01010207	调运多余土方	$183m^3$	11.00	2013
010204	排水			
01020401	排水定量	1LS	10000.00	10000
0103	底板			
010301	标准底板			
01030101	底板下铺 150mm碎石基础层	$377m^3$	20.00	7540
01030102	完成底板层 127mm混凝土底板包括养护、放置钢筋网	$2516m^2$	5.30	13335
01030103	底板下铺垫	$2483m^2$	32.30	80201
01030104	6密耳厚的聚乙烯防潮层	$2483m^2$	2.20	5463
01030105	浇筑混凝土基层、底层	$33m^2$	54.00	1782
01030106	混凝土台阶	$4m^2$	161.50	646
01030107	底板侧模	280m	5.00	1400
01030108	模板沉降	$34m^2$	50.00	1700
010305	开口			
01030501	电梯井，2.1m×2.5m×1.2m深	1EA	3500.00	3500
	基础分项合计		**$**	**219774**

图3-23(a) R. S. Means公司建筑施工成本数据

04050 | 砖石工程基本材料 & 工艺

		04090 | 砖石工程附件	班组	日产量	工时	单位	2002 年净成本 材料	人工	设备	总计	总计含管理费和利润	
420	0500	8″×8″单元，8″厚				平方英尺	.66			.66	.73	420
	0550	12″厚				↓	.82			.82	.90	
650	0010	灰泥：普通波特兰水泥，1/2″厚	D-1	2.50	6.400	C.S.F	13.20	173		186.20	280	650
	5100	防水波特兰水泥	″	2.50	6.400	″	14.55	173		187.55	281	
700	0010	脚手架 & 施工台架 参见 01540 R01540-100										700
850	0010	通风孔，参见 04090-860										850
860	0010	通风孔：铝合金成型，4″厚，2⅜″×	1Bric	30	.267	每项	30.50	8.15		38.65	46	860
	0050	8⅛″5″×8⅛″		25	.320		42.50	9.75		52.25	61.50	
	0100	2¼″×25″		25	.320		85	9.75		94.75	109	
	0150	5″×16½″		22	.364		44	11.10		55.10	65.50	
	0200	6″×16½″		22	.364		85	11.10		96.10	111	
	0250	7¾″×16½″	↓	20	.400		80	12.20		92.20	107	
	0400	增加烤搪瓷装修					35%					
	0500	增加铸铝，油漆					60%					
	1000	不锈钢送风机 6″×6″	1Bric	25	.320		91	9.75		100.75	115	
	1050	8″×8″		24	.333		96	10.15		106.15	122	
	1100	12″×12″		23	.348		112	10.60		122.60	139	
	1150	12″×6″		24	.333		96	10.15		106.15	122	
	1200	基础通风口，电镀，1¼″厚、8″高、16″	↓	30	.267		18	8.15		26.15	32.50	
	1250	长，无风门增加风门				↓	6			6	6.60	
900	0010	墙体插座：可敲钉的砌体，26ga.，电镀	1Bric	10.50	.762	C	25	23		48	63	900
	0050	平板木材		10.50	.762	″	84	23		107	128	

04200 | 砖石单元

		04210 | 黏土砖	班组	日产量	工时	单位	2002 年净成本 材料	人工	设备	总计	总计含管理费和利润	
100	0010	普通砌筑砖 C62，TL Lots， R04210-120										100
	0020	仅含材料标准，最小				m	270			270	297	
	0050	平均(挑选)				″	315			315	345	
120	0010	砖镶面：不包括脚手架，自动 R04210-120										120
	0015	装卸；材料成本包括 3%砖和 25%灰泥损耗										
	0020	标准，选用普通，4″×2⅔″×8″(6.75/平方英尺) R04210-180	D-8	1.50	26.667	m	360	740		1100	1525	
	0050	红色，4″×2⅔″×8″，顺砖压缝砌合		1.50	26.667		400	740		1140	1575	
	0100	每六层一丁(7.88/平方英尺) R04210-500		1.45	27.586		400	765		1165	1625	
	0150	英式，两层一丁(10.13/平方英尺)		1.40	28.571		395	790		1185	1650	
	0200	佛兰德式，一顺一丁(9.00/平方英尺)		1.40	28.571		395	790		1185	1650	
	0250	佛兰德式，每六层一顺一丁(7.13/平方英尺)		1.45	27.586		400	765		1165	1625	
	0300	全丁(13.50/平方英尺)		1.40	28.571		395	790		1185	1650	
	0350	竖砌砖(13.50/平方英尺)		1.35	29.630		395	820		1215	1675	
	0400	延伸竖砌砖(4.50/平方英尺)		1.40	28.571		400	790		1190	1675	
	0450	立砌砖(6.75/平方英尺)		1.40	28.571		400	790		1190	1675	
	0500	顺砌(4.50 平方英尺)		1.30	30.769		400	850		1250	1750	
	0601	黄色或灰色表面，全顺砌筑(6.75 平方英尺)		1.50	26.667		400	740		1140	1575	
	0700	罩面，4″×2⅔″×8″，全顺砌筑		1.40	28.571		1500	790		2290	2875	
	0750	每六层一丁(7.88/平方英尺)		1.35	29.630		1475	820		2295	2850	
	1000	Jumbo 式，6″×4″×12″(3.00/平方英尺)		1.30	30.769		1250	850		2100	2675	
	1051	Norman 式，4″×2⅔″×12″(4.50/平方英尺)	↓	1.45	27.586	↓	735	765		1500	1975	

图 3-23(*b*)　R. S. Means 公司建筑施工成本数据

- 设计或有费用包括设计的完整程度，以及其可靠程度。
- 估价或有费用代表估价师对估价的置信度程度；反映了设计开发以其他可能影响到成本的因素，例如可供应量，进出口，以及工程所处环境。设计和估价的或有费用通常是包括在一起的，如果其文档准备完全后，或有费用一般趋于零值。
- 施工或有费用代表的是合同签订后成本增加多少的可能。包括现场环境、天气情况以及不可控的延期等不可知因素，甚至也含因施工文件不一致/不完整引起的部分合同变更。
- 业主的或有费用是潜在的或有费用，包括了施工或有费用以及施工内容的增加，还有选择业主的更改。

那么什么是或有费用的合理范围？对此并没有一个绝对公认的标准，但是大型的设计/施工公司都相对订立了一个相对标准，如图 3-24 所示，而且实践表明该图还是较切合实际的。

清单
- 或有费用
- 设计或有费用
- 估价或有费用
- 施工或有费用
- 业主的或有费用

大型的设计/施工公司标准或有费用指引	
一规划估价	10%～15%
一示意设计成本估价	7.5%～12.5%
一设计估价	5%～10%
一施工图估价	2%～5%
一预投标估价	0%

图 3-24　大型的设计/施工公司标准或有费用指引

六、风险管理及其区域估价

风险管理是一个确定并且量度风险的系统方法，在开发、选择、执行以及管理阶段控制风险。作为风险管理方法论的基础，业主应当了解的几种风险，如下所示：

- 进度风险
- 成本风险
- 技术的可行性
- 技术过时风险

➤ 新建项目和其他项目之间的依存性

➤ 不可控自然事件

风险控制设法确定，并且最终达到可能控制未来事件的目的，注重超前的反应。

为了达到预期效果，风险管理必须依赖工具和方法对未来事件的可能性、可能的效果以及必要的应对方法进行预测。风险管理是项目内每一个岗位的责任，包括如下四个基本步骤：

(1) 风险评定

第一步是明确并评定所有潜在的风险区。风险区可能存在于项目每个部分，也可能是来自工程之外不可知的未来事件。特别值得关注的是，那些对项目、规划或者是业主的目标产生负面影响的事件。应当在较早的时候开始风险评定，并且在项目的整个寿命期间都应持续这项工作，因为随着项目的进度，将会识别出新的风险。

(2) 风险分析

一旦识别了风险，评定了每个风险发生的可能性以及其潜在结果的重要程度，就应当对潜在的风险区进行风险分析，并且确定这类风险事件发生时的情况和特性。在项目寿命期间也应持续进行风险分析工作。

(3) 减轻风险

进行了风险评定和分析之后，业主应当考虑如何做才能减轻风险的影响。主要有如下几种不同的方法：

a. 转移。业主可以把风险转移到第三方——承包商或者其他实体。适合把风险转移到承包商的情况是，承包商有能力以较低的经济付出，对风险实施有效的控制和管理。

同各个合同有关的进度风险就是一个较好的例子，它比较适合转移到各合同承担主体。在一些特殊的时候，它更加合适转移到第三方，例如担保公司或者保险公司。

b. 规避。如果风险条件很明显而且对项目的副作用非常大，那么应当进行更多的考虑以消除风险。此类风险的一个常见例子就是现场的土体情况，比较明智的处理方法就是在设计开发阶段对不了解的土壤情况进行变更设计，以避免风

险发生。筏基的设计往往就是出于此类考虑。

c. 降低。同样，可以考虑使风险事件发生的可能性降到最低，使之对项目以及项目目标的负面影响降到最低。例如，业主会考虑提前制定减少风险发生的应急计划。

d. 承担。如果业主能实施有效的控制，这个业主可能会选择承担这方面的风险。因为当业主有很有效的方法处理风险时，或者这个风险对业主的影响非常小时，可能把风险交由承包商管理成本就不太恰当。这个决定当然依靠判断，是否从承包商处减少的成本能弥补业主承担风险的成本。一个典型的例子就是，由业主承担设备采购和安装的责任，因为对承包商而言采购和安装困难较大。

e. 分担。当风险不能适当转移，业主和承包商可能就要分担风险。例如，给予承包商一定补偿，或者在事件的数量上设置一个界限，来弥补可能发生的风险，以限定风险对承包商的影响。在一些情况下，预先确定单位价格就是业主最小化风险的一个手段。而另一些情况，设置成本分摊可能更加合适。但是不管怎么样，分担后的风险依然需要监控和持续的关注。

(4) 反馈

在一个项目上遇到问题后，业主和业主的顾问应当记录下导致问题发生的原因，以及是否有被忽视的警告前兆。同时记录下采取的处理风险的方法，以及进度对成本的影响，结果是否满意等等，都很重要。有效的反馈不仅有助于未来的项目，而且能识别在现有的项目中重复发生的问题。

范围估价

对风险分析和管理而言，注意细节、执行合适的成本计划，以及控制好进度体系固然重要，但是其他工具也应受到关注，例如：范围估价。

范围估价有一个很简单的用法，就是选择能代表80%成本的20%的细项，然后为这些细项设置风险范围，并由低加到高。同时进行敏感性分析，通过改变主要的风险参数并计算结果。还有一种更先进的方法，同样选出20%的细项，确定变化范围，然后选用一种成熟的软件，进行蒙特卡罗模拟（概率性的）从而确定风险的大致情况。这种方法可以对这20％的要素的逻辑高值和低值进行更加精确的预测。

最后可以使用完整的风险分析软件包，它包括了范围估价，可以确定风险的大致情况，如估价的可信范围和随机数量等。如纽约/新泽西港务局这些组织已经使用这种方法，不仅是为单个项目，而且为整个规划都建立了分析随机情况的工具。

七、特别估价的挑战

即使在情况最完善的环境下，制定估价都是较为困难的工作。此外，有几种特殊的项目条件，使这个工作变得更加困难，需要引起我们特别的注意。有两方面的问题值得讨论：对改造更新的估价，和对国际工程的估价。

1. 对改造更新进行估价

对改造更新进行估价是一个复杂的过程，要在实际进行工程前进行预测是很困难的。

对此有几个基本的问题需要列举说明。即：

- 已有的图纸。是否精确而可靠？
- 规范。随着时间的过去，工程当时有关的规范是否已经更改？
- 继续使用。是否在施工期间设施继续被使用？有没有需要特别的清洁处理或者是环保方面的限制？
- 隐蔽工程。打开隐蔽工程会有什么可能，有没有什么分支出现？
- 改变用途。是否建筑物的新用途和最初有所不同？确定过潜在的规范问题没有？有没有可能出现环保方面的问题？
- 改变结构。结构的改变经常是和功能的改变相关的，会不会可能遇到规范已改变或是建筑结构的恶化？
- 邻近建筑。会不会有可能影响到地下的管道或是环保工程？邻近建筑用途是什么？会不会有振动或环保方面的限制？

- 废弃物。废弃物有时是一个关键性的因素。谁对废弃物拥有相应权力？
- 有使用空地和存储场地的权力。在估价中这个因素经常被忽略。有足够的施工场地么？考虑了回转半径和承载能力么？是否有足够的空场地来存放材料，并避免二次搬运？

2. 国际工程估价

当对国际工程进行估价时，必须考虑如下几个因素：

- 与设计有关的问题和本国(美国)有所不同。
- 施工方法和问题有异于本国(美国)标准。
- 标准、规范和程序。
- 项目所在地和当地特别的问题。
- 财务和先进问题，包括税金、币值波动，以及不同的通货膨胀率。
- 估价的方法。
- 按美元计价(在很多情况下，按照美元计价更有利，视当地情况而定)。
- 进行市场调查和按美元定价(对当地国进行调查能较好的评估生产力和供应量)。

同时应该聘请至少一个当地的顾问来协助处理国际估价中的所有问题。

八、价值管理

价值管理(VM)指与价值相关的进程和技术的集合。价值工程(VE)则是解决这类问题的程序，近30年来在建筑业已经得到了广泛的应用。价值管理(VM)与价值工程(VE)这两个词常常用来表达同一个意思，本书也如此沿用。价值工程既有坚定的拥护者也有激烈的反对者，当它得到正确运用时，结果令人满意，但是当它运用错误时，就会产生很多的问题。

使用价值工程并不困难，但是需要耐性、集中精神和一定的训练。为了这个目的，每个有关人员都应该对目标达成一致并且朝共同的目标努力。当将价值工程的执行作为整个设计过程一部分时，就被称为价值增强设计——价值工程可以成为设计者和成本经理解决问题、优化成本、价值增强方面非常有用的工具。

提示

当将价值工程的执行作为整个设计过程一部分时，就被称为价值增强设计——价值工程可以成为设计者和成本经理特别重要的管理工具。

1. 价值工程原理

价值工程的目的是提高业主从完工工程得到的价值。价值是指功能价值和付出成本之间的相对关系。如下所述，要提高价值就应优化这种关系：

$$价值=\frac{功能利润}{成本}$$

提高价值可以：

- 提高功能价值，保持成本不变。
- 保持功能价值，降低成本。
- 提高功能价值，降低成本。
- 减少功能价值，降低成本(如果利润满足需要，而成本增加有限)。
- 提高功能价值，增加成本(如果利润满足需要，而成本增加有限)。

成本是相对容易度量的因素，但利润却难度量，并且不易说明。利润代表很多方面的可能性，如图 3-25 所示(图 1-5 显示的是成本一数量关系，也是度量功能利润的一个方面)。

• 尊重	• 美观
• 使用	• 安全
• 可靠性	• 耐久性
• 成本	• 方便
• 可维护性	• 可达性
• 安全	• 弹性
• 扩展性	• 适应性
• 维持性	• 感知

图 3-25　功能利润：如何衡量？

业主负责定义品质的需求，设计方负责进行设计以满足需求。实际上，大多数业主的标准、规格和规划的需求都定位得比较低。出于好意的设计人员这时往往突破这种底线，他们认为较好的质量就是等同于较好的价值。但事实并非如此，因为价值是和成本相关的，但是成本和质量之间并不一定存在线性关系。质量上增加一分，可能在成本上就要增加两到三分。当太多的功能分项都去接近这一“垂直成本曲线”时，预算就会被超出，问题也就出现了。

价值工程的过程主要是关注质量－成本之间的关系，通过用最小的成本达到必需的质量来解决问题。一个好办法是，应当通过低水平的成本增加来获得质量的改善(也就是说，成本曲线平缓)。但是当质量的较大改善导致成本大幅增加时(成本曲线陡峭)应当加倍小心。在设计中平衡质量和成本的关系会得到最佳的寿命周期成本。

价值工程更重要的目标是实现整个设计的平衡，即建筑的所有的方面都达到合理的均衡目标。图 3-26 中展示了整个功能价值目标和各建筑分项实际价值的关系。价值工程就是通过寻找所有部分平衡点适度达到最佳总体价值。

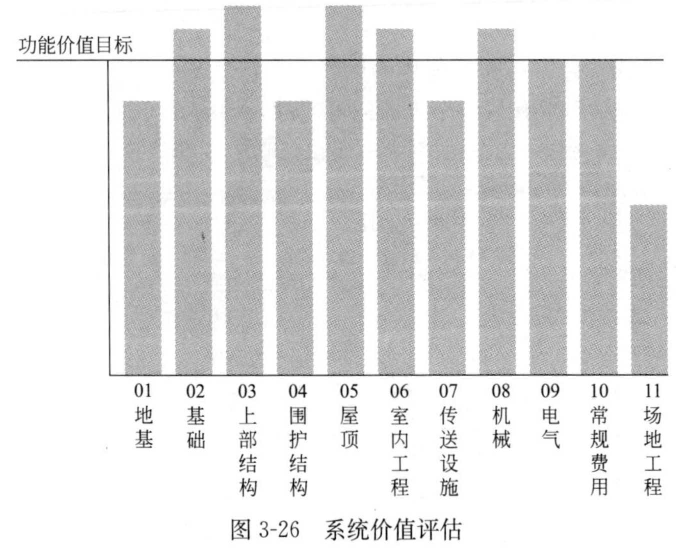

图 3-26　系统价值评估

必须强调的是，简单地通过降低质量费用来削减成本，而不考虑可接受的底线，这种做法根本不是价值工程。这只是简单的成本削减，在大多数项目中这种行为往往导致出现很多问题并使功能成本关系被破坏。但是如果因为资金限制而必须进行成本削减，价值工程就是一个非常理想的工具。价值工程的任何工作都是建立在对价值目标，以及与成本相关度高的质量目标的再评估基础之上。无论如何，成功使用价值工程的关键就在于更加精确和适当的对价值概念进行定义。

2. 价值工程基本方法

从过去的发展看，大多数正式的系统工程是由如下这些人进行推动：独立人士，规划师的外围团队，建筑师，工程师，以及受价值工程专家指导的施工专家。非正式价值工程则由设计团队、施工经理、业主来实施，但是一般都不遵循正式的计划和程序。在价值工程的应用上并没有绝对正确或错误的方式，但经验表明非正统的价值工程趋向于向设计评价一体化和运用成本削减转化，这种情况下价值本身往往被忽略了。此外，为了成功实施价值工程，需要团队协调统一的努力，每个人都要把注意力集中在影响成本的因素上，并清楚地掌握跨学科的内容。这几个学科的相互关系如图 3-27 所示。

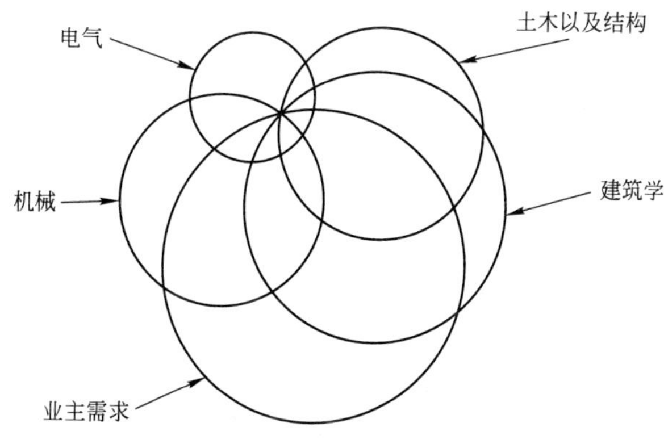

图 3-27　价值工程集中于各领域

下文列举了成功价值工程的三种基本选项：

(1) 传统的方式之一是雇用价值工程专家来帮助研究小组，研究小组应该有外围成员，和独立的“冷静小组”；

(2) 价值工程专家协助来自设计事务所、顾问公司，甚至业主本人组成的小组，开展价值工程工作研究，整个小组成员应和项目没有直接关系；

(3) 价值工程专家帮助和工程有关的设计小组和咨询师，以及业主本人进行价值工程研究。

上述三种方法都能得出有意义的结果，但是如果使用的是第三个选项研究必须尽早开始，至少不能迟于概念/原理设计阶段。否则要想达到满意的效果并从设计团队得到帮助是不现实的。在研究阶段的早期之后就进入第二个阶段，应集中于更加详细的细节和可构造性的问题。第二阶段的研究也可用于查验第一阶段的执行情况。

3. 设立价值目标和研究约束

当考虑项目的个体需求时，任何价值工程的目标应当和业主的整体原则和目标相一致，对于一个施工成本在预算之内的项目，其重点应是在预算之内维持并提高其价值，如操作性、适应性、可扩展性等等。如果在削减成本的同时还能提升价值，那么成本削减和减少预算的可能性就成为第二个目标。

当项目要超预算时，价值工程的重点就转为，如何在不影响规划需求或者是降低完工项目的前提下，削减施工成本以符合预算。价值工程并不应该用于为适应项目范围或是市场价值的缩减，通过成本削减来减少设施产出。如果削减成本的需求是刚性的(超过10%)，价值工程就应当重新考虑业主的目标。

作为普遍规则，在严格审查过的范围内，价值工程不应有所约束。同样，除了强制规范和法令以外，其他规定的标准价值工程研究组都可以开放性地不遵循，前提是价值和成本收益值得这么做，以及在项目重大的功能上没有缩减。即使只有规划需求许可价值工程研究组进行开放研究，在这个范围内也可以降低很多无效的方面，而不会损害项目的目标和即定功能。

正如上面所说，意识到这个问题很重要，业主可能想对价值工程研究组设置一些约束，并且要求回避一些问题。如果发生这种情况，这种限制条件应当在开始任何工作之前，得到清楚地沟通和理解。

至于价值工程研究组，其成员在设计决策或者标准上应当更多的通过常识进行判断，这对于业主或者设计师而言是根深蒂固的。运用常识也可以使价值工程组不至于花费宝贵的时间在牵强或无意义的想法上，这种想法通常都是不会被接受的。

提醒！

即使只有规划需求许可价值工程研究组进行开放研究，在这个范围内也可以降低很多无效的方面，而不会损害项目的目标和即定功能。

4. 价值工程研究方法

有效的价值工程研究一般都遵循公认的美国价值工程协会(SAVE)制定的基本计划和程序。在美国价值工程协会网站(www. value-eng. org)上可以获得更多有用的信息。价值工程方法分为三个独立阶段：

- A 阶段：预备专题研究
- B 阶段：专题研究
- C 阶段：结果陈述，决策会议，报告陈述

这些方法就是通过组织和指导使付出的努力产生最大效果。其内容包括：

A 阶段：预备专题研究

全面的价值工程专题研究预备工作，应覆盖业主、设计方、咨询师以及施工管理方。它应该包括汇集手册文件，对工程概况的处理，选择合适的价值工程成员，以及专题研究所需的后勤准备专题研究所需的典型材料如：

- 项目规划和预算所制定的文件
- 研究所需的详细设计图纸
- 主要建筑分部的概要或概念性说明
- 与规划相关的规划区域/空间分析
- 研究所需细节设计的详细成本估价

- 主要系统和子系统的定义，包括建筑学、结构、机械、电气，现场以及效用等
- 平面布置图、地形图，以及现场计划。如果有照片最好用上
- 对所选地块动力、排水、燃气和其他市政的确认
- 土壤报告，基础的设计概念图纸中对此应有所反应
- 特别的系统或需求
- 经济资料，预算的限制、贴现，寿命或功能周期
- 人员成本，以及其他合理的财务费用

保证价值工程专题研究结果的首要因素是准备工作应及时而仔细。接下来可以确定的是，每个价值工程研究组的成员应当对专题研究的项目情况都很了解，并有所准备。当然，如果设计团队中的人员也参与，准备可以稍稍简化一些。

下述材料在专题研究中对于保证专题研究的效果是非常优先的因素：

- 用于项目成本估价的成本模型
- 对于整个项目的适度的功能分析以及相关的高价成本系统
- 重要问题和价值目标的确定

B 阶段：专题研究

价值工程专题研究是价值工程研究的主要环节。价值工程小组为完成讨论而使用的系统方法，一般被称为“价值工程工作计划”或“工程计划”，尽管在这个行当中对此一直有其他的叫法。但是不管称呼它作什么，所有的这些工程计划都代表同一类基本方法，都是在以下几个方面对价值工程小组的工作有所帮助：

- 它是一种通过确定对应价值区域的高价成本，并通过变化选项来推动质量的最大化以及成本的最小化，可以帮助价值工程研究组快速分析项目的组织方法。
- 它鼓励价值小组以一种积极的态度来思考；也即是说要找寻非常规的方法和途径。
- 它强调功能的所有方成本(寿命周期成本)，而不仅仅是初始的资本成本。

- 它引导价值工程研究组简练地掌握设施的功能和目的。

得到公认的价值工程工作计划由以下五个独立部分组成：

(1) 信息收集

(2) 推测/创造

(3) 评估/分析

(4) 发展/建议

(5) 报告

简要来讲，每个阶段都是以如下的活动为特征：

- 信息收集。在这个阶段，价值工程研究组回顾在专题研究阶段收集的材料，以尽可能的对项目的设计、背景、限制和计划的成本有最深入的了解。研究组进行功能分析并对主系统、子系统进行成本相对排序，以确定潜在的高价成本区域。
- 推测/创造。价值工程研究组进行有创造性的团队交互，以判断那些备选思路中，哪些能实现系统或子系统的功能。
- 评估/分析。在推测和创造阶段产生的思路由小组进行筛选和评估。他们将选出最具成本节省与项目改进的可能思路，供进一步研究用。
- 发展/建议。价值工程研究组将研究这些选出的思路，并制定相应的描述、概要，以及寿命周期成本估价，作为前期价值工程建议。价值工程的结果将通过这些建议得出。这些建议不仅使信息得到沟通，而且有利于做出更加明智的决议。因为建议包括了推荐的变更，执行建议的成本，概要的补充，优缺点分析。成本数据应当足以分析出成本节约(或增加)的数量级，这对于价值工程提议的执行是相当重要的。
- 报告。价值工程研究组和设计人及业主一起，出具初步书面价值工程研究报告，报告价值工程工作组的研究成果，以满足建筑工程规定目标。报告的重点是那些创新性的建议，这些建议不是一些简单的削减成本的意见，而是专门针对特定项目、特定项目的目标、整体预算情况，特别是主要价值目标而提出的。

C 阶段：结果陈述，决策会议，报告陈述

如果利用价值工程研究结论的时间很紧，可以在研究结束时先向业主、设计人、项目经理和其他顾问提供一份非正式的简要报告，阐述工作组的研究结论。也可以先初步提供建议副本，以启动初期审查。

在价值工程研究组的工作结束后，负责为研究提供便利条件的价值工程专家也可以和业主、设计队伍或顾问碰头，研究相关执行问题。这样做可以给设计人充分的时间针对价值工程研究结论提出意见和建议；也可以让研究组充分阐释研究结论，澄清对建议有误解的地方。

5. 研究深度指南

价值工程研究需要进行到什么深度水平由三个主要因素决定：项目的规模和复杂程度，项目内重复内容的多少，以及业主愿意花费的时间和金钱的数量。另外，预算、进度和构造难度对此也有影响。图 3-28 是对两个价值工程研究组进行不同深度所需小时数的分析，这两个研究组有 5～10 名技术人员，其中包括一名估价师/经理。表中三条曲线分别代表：

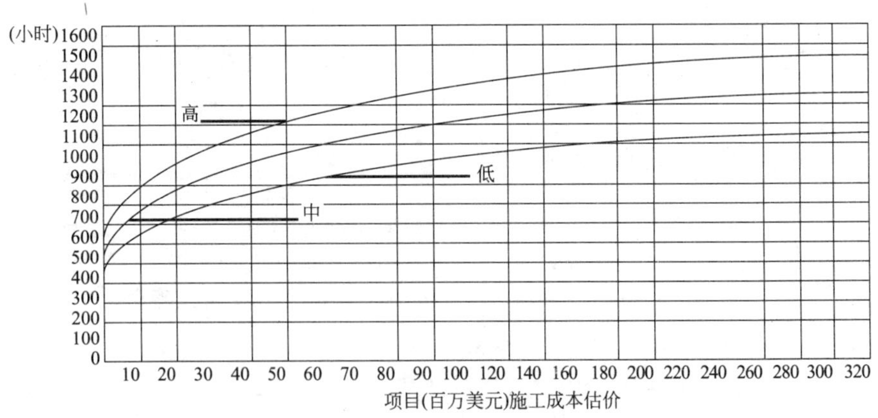

图 3-28　价值工程推荐研究深度

- 中，针对复杂程度和重复性都处于中等的项目，如办公大楼。
- 高，针对复杂程度高的项目，如法院、实验室或空间要求复杂的医院。
- 低，针对复杂程度低的项目，如仓库，或重复性很高的项目。

6. 实施战略

价值工程研究无论做得多好，也只能是对设计或规划要求需要进行的变更提出建议。设计的最终责任还是落实在设计人和业主身上；因此，设计人必须依据正当的理由，接受并实施，或反对这些建议。如果这些建议是一些新的观点和看法，这样做就需要考虑风险问题。

尽管价值工程研究组在实施过程中要提供必要的帮助和技术支持，设计人和其他顾问也会提供相关咨询，业主仍然是实施过程的主要负责人。要得到好的实施效果，需注意以下八点：

(1) 确保设计人完全理解每个拟采用建议的实质和优点。必要时，价值工程研究组应当提供附加说明，进一步澄清其建议。

(2) 验证设计人提出的反对理由，看是否合理，是否基于技术分析而作出，是否只是简单地对价值工程研究建议的合理性进行批评。反对必须基于清晰的技术分析。在设计人提出其他方案，表达自己观点的情况下，也应当强调这一点。

(3) 如果设计人反对一项建议，理由是建议涉及的问题以前已经研究过了，那么应当确定情况确实是相同而非相似的。一个观点的失败并不能成为反对另一个相似观点的充分理由，在条件不同的情况下更是如此。

(4) 在接受一项建议之前对新的，可比的，没有尝试过的观点进行仔细调查研究。切记不要仅因为某种观点是全新的就提出反对。

(5) 不要仅仅因为不同意价值工程研究组就某项建议进行的成本估价，就反对接受这项建议。如果设计人认为某项建议不会带来成本上的节约，那么就需要对这项建议进行价值评估。换句话说，成本节约不应当作为接受建议的惟一理由，不能节约成本也不应当成为反对建议的惟一理由。

（6）不要把进行再设计所花费的成本和/或时间单独作为反对理由，而应当和其他因素综合在一起进行考虑。如果需要对设计进行实质性更动，且变动超出了正常的设计进程，设计方在合理限度内不能确认，那么应对设计方额外补偿。在设计阶段早期进行价值工程研究的主要好处之一，就是在详细设计之前，可以对设计进行很多修改。

（7）考虑那些能带来价值提升的建议，而不论成本会因此而增加或降低。如果一项建议会增加成本，其增加值会被其他降低成本的建议拉平。换句话说，任何节约成本的目标对工程来说都是整体性的。

（8）不要因为会增加原始成本就一概拒绝可能带来实质性寿命周期成本减少的建议，甚至在存在实际或潜在预算超支问题的工程中也是如此。不要仅仅因为工程预算超标或从一开始预算就不正确而放弃降低寿命周期成本的机会。

7. 报告及后续程序

价值工程研究报告应当是一份简要但完备的文件，包含充分的技术性项目描述，让不了解项目的人也能理解其主要内容。另外，应当在文件中阐明每个独立的价值工程建议的原始概念、推荐概念、优缺点及经济后果。对报告进行的小结应当适用于快速审查，方便设计人回顾并纳入到设计之中。

提示
作为一种项目移交模式，设计加建造的应用在不断增加，这就为价值工程在设计与建设两个环节发挥作用增加了机会。

8. 价值工程学近期发展概况

最近，价值工程研究出现了两种有些相反的发展趋势，一种继续以政府及合作企业的强制性要求为基础；另一种则强调价值工程研究是一种“增值”服务，是整体设计和施工过程的一部分。在工业领域，已经出现了一些将价值工程研究技巧应用到工厂设计施工成本最优化过程中的方式方法，如零基设计。

业界很多人认为，价值工程研究与设计过程应当结合得更好。方法之一是发展增值型设计。

设计-施工这种项目发包方式采用率的提高也为在设计施工过程中运用价值工程研究提供了新的机会。在设计-施工项目中，价值工程研究可以为业主利益而作，也可为设计-施工方利益而作，还可为双方利益而作。第5章将深入讨论项目发包方式。

想对价值工程学有更多了解，请参看Alphonse J. Dell'Isola著《价值工程学实用技巧》(R. S. Means公司1997年出版)。

九、寿命周期成本计算

寿命周期成本(LCC)是对某个项目、体系或设施进行经济评价的方法，进行寿命周期成本计算要考虑所有物在一个经济周期内的所有重大成本，并用等价成本的方式表示出来。为保证在同等基础上比较成本，初期成本所用的基期应当和所有其他成本所用的基期相同。这里其他成本是指和每个选项相关的成本，包括维护成本、运行成本和重置成本。

寿命周期成本计算可用于对各种备选方案进行比较，识别并评估每种方案在整个项目过程中的经济影响。运行、维护和替换等预测成本可能会和初期设施采购成本持平，也可能超出初期成本。如果考虑人员安置及其他成本因素，工程启动初期采购材料的花费可能比整体成本低20%。业主目前已经认识到了这种关系，并考虑采取措施，在不增加整体寿命周期成本负担的前提下，减少初期资金开支或将其降低到最低限度。

本节介绍了定义、评估和控制寿命周期成本的方法，以及在采购中随时注意寿命周期问题，使整体设施成本得以最优化的方法。

1. 经济分析原则

在进行成本决策时，应当将当前成本和未来成本结合起来考虑。

今天的美元不等于明天的美元。以任何形式投资的金钱都能够带来利润，或具有带来利润的能力。例如，投资100美元，年利率为10%，20年后会得到673美元。换句话说，在投资回报率每年10%的前提下，今天的100美元等于20年后的673美元。今天的1美元要比人们所预计的某段时间以后的1美元值钱。具体增值额由投资率(资金成本)和这段时间的长度决定。

注意

利率和贴现率一般作用同义词使用，指金钱时间价值的年增长比率。

图3-29所示为各种不同的贴现率，以此说明金钱时间价值。请注意在贴现率为5%的情况下，1美元在25年间其价值约增长3.5倍，如果贴现率为15%，其价值约增长35倍。尽管贴现率仅相差3倍，结果却相差10倍。显然，选择贴现率

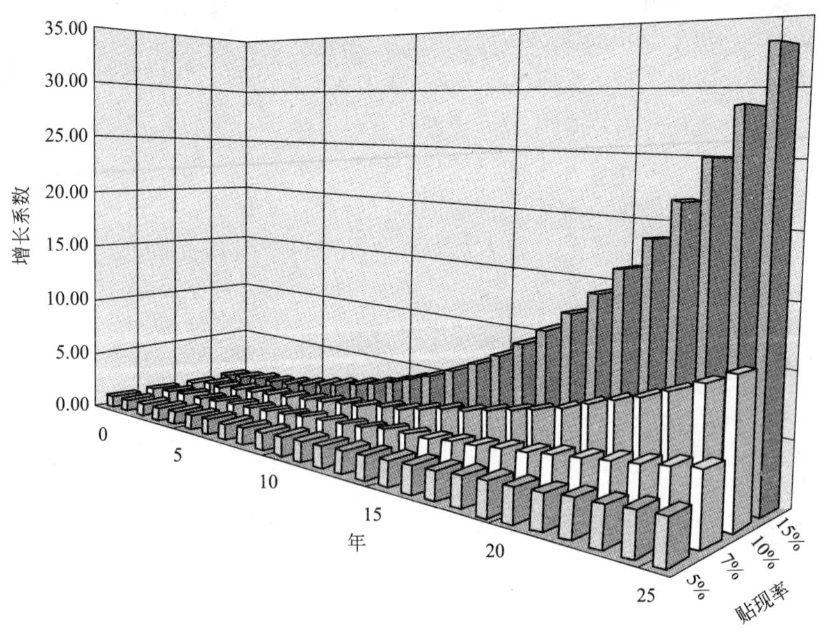

图3-29　1美元的投资回报

对寿命周期成本分析是非常重要的。

贴现率表示投资者可以接受的最低回报率，或当前主要利率或借款利率。确定这一利率需要考虑几个因素，包括资金来源(借款还是资本金)、客户(政府机构还是私人企业)和行业平均回报率(所得税前、税后)。

有时，业主可能仅基于贷款成本来确定最小回报率。尽管这种方法在政府工程和私人经济研究中很常见，但在竞争性行业中可能不适用。

如果通货膨胀持续较长时间，购买力会随之下降，从这个意义上讲，通货膨胀也能对经济分析造成影响。这种影响更确切地称为通货紧缩，指在将来购买相同的货物需要支付更多的货币。图 3-30 所示为一段时期内通货紧缩的影响及贴现，显示了利率和最终结果之间的非线性关系。

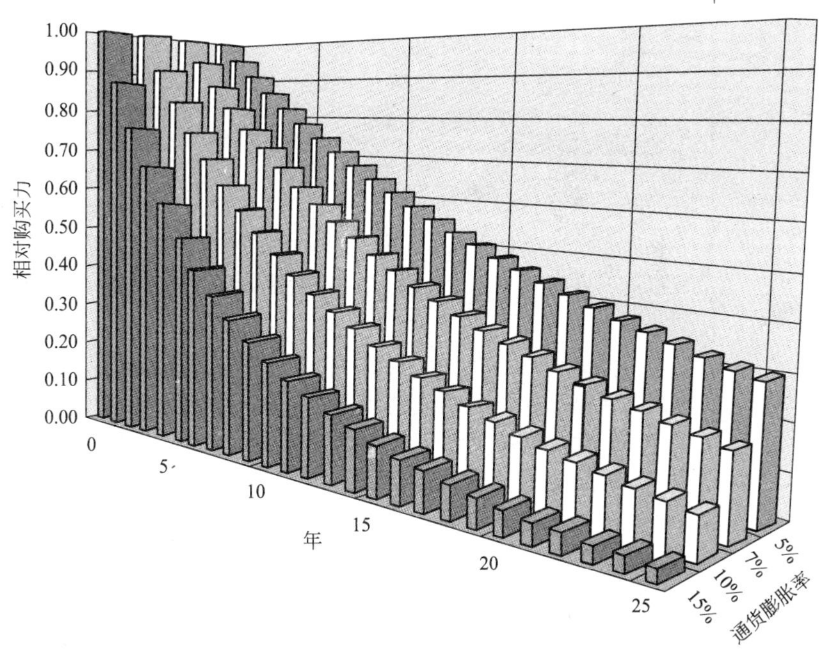

图 3-30　不同通货膨胀率下的通货紧缩

通货膨胀不会直接影响实际金钱时间价值，因为在所有情况下，金钱都肯定具有时间价值。但因为通货膨胀影响到时间价值的计算方式，因此应当被列入计算范围。换句话说，对一个特定的业主，实际金钱时间价值为7%，通货膨胀预计为3%，那么在贴现分析中，就应当使用10%的利率，将所有未来成本提高3%。这种方法称为现值分析法。

为简化起见，特别在非现金流计算的比较分析中，可使用现值分析法。在这种情况下，可使用7%的贴现率，所有未来成本都固定在相关的基础成本上，不受通货膨胀的影响。

一个例外就是预则未来的成本不会随通货膨胀波动。例如，最近10年能源成本在通货膨胀率上还增加了1%～2%。在这种情况下，未来能源成本也会相应增加1%～2%(根据一般通货膨胀率)。这种现象在经济分析中称为价格浮动。

有很多公开出版的图表，电子数据表软件中也有贴现公式。图3-31和图3-32所示在不同通货膨胀率下，计算当前单一成本现值价值，以及利率为10%的年金成本的例表。

2. 经济分析周期

用于方案比较的经济或研究周期是一个重要的考虑因素。一般为25～40年的时间。这段时间足以用来进行以经济为目的的未来成本预测，获取最有代表性的成本数据。图3-33所示为周期为100年的累加年成本，贴现率为10%。请注意90%的等价总成本出现在前25年。这是由于货币的贬值：早年的美元要比现在的美元值钱得多。因此，如果周期超过40年，一般情况下就失去了分析的意义。

在分析每个系统时还应当确定时间框架。研究项下每个系统、成分或子项目的使用期限可以是物理的、科技的或经济的期限。任何子项目的使用期限取决于使用频率、获取时已经使用的时间，维修和替换规定，使用时的气候条件，技术水平，经济变化，发明创造等因素以及业内其他发展情况。在一个整体设施周期内可能有好几个部件替换期限。

在不同浮动比率的现值计算，贴现率为10%													
年	浮动比率												
	0%	1%	2%	3%	4%	5%	6%	7%	8%	9%	10%	11%	12%
1	0.909	0.918	0.927	0.936	0.945	0.955	0.964	0.973	0.982	0.991	1.000	1.009	1.018
2	0.826	0.843	0.860	0.877	0.894	0.911	0.929	0.946	0.964	0.982	1.000	1.018	1.037
3	0.751	0.774	0.797	0.821	0.845	0.870	0.895	0.920	0.946	0.973	1.000	1.028	1.056
4	0.683	0.711	0.739	0.769	0.799	0.830	0.862	0.895	0.929	0.964	1.000	1.037	1.075
5	0.621	0.653	0.686	0.720	0.755	0.792	0.831	0.871	0.912	0.955	1.000	1.046	1.094
6	0.564	0.599	0.636	0.674	0.714	0.756	0.801	0.847	0.896	0.947	1.000	1.056	1.114
7	0.513	0.550	0.589	0.631	0.675	0.722	0.772	0.824	0.879	0.938	1.000	1.065	1.134
8	0.467	0.505	0.547	0.591	0.638	0.689	0.744	0.802	0.863	0.930	1.000	1.075	1.155
9	0.424	0.464	0.507	0.553	0.604	0.658	0.717	0.780	0.848	0.921	1.000	1.085	1.176
10	0.386	0.426	0.470	0.518	0.571	0.628	0.690	0.758	0.832	0.913	1.000	1.095	1.197
11	0.350	0.391	0.436	0.485	0.540	0.599	0.665	0.738	0.817	0.904	1.000	1.105	1.219
12	0.319	0.359	0.404	0.454	0.510	0.572	0.641	0.718	0.802	0.896	1.000	1.115	1.241
13	0.290	0.330	0.375	0.425	0.482	0.546	0.618	0.698	0.788	0.888	1.000	1.125	1.264
14	0.263	0.303	0.347	0.398	0.456	0.521	0.595	0.679	0.773	0.880	1.000	1.135	1.287
15	0.239	0.278	0.322	0.373	0.431	0.498	0.574	0.660	0.759	0.872	1.000	1.145	1.310
16	0.218	0.255	0.299	0.349	0.408	0.475	0.553	0.642	0.746	0.864	1.000	1.156	1.334
17	0.198	0.234	0.277	0.327	0.385	0.453	0.533	0.625	0.732	0.856	1.000	1.166	1.358
18	0.180	0.215	0.257	0.306	0.364	0.433	0.513	0.608	0.719	0.848	1.000	1.177	1.383
19	0.164	0.198	0.238	0.287	0.344	0.413	0.495	0.591	0.706	0.841	1.000	1.188	1.408
20	0.149	0.181	0.221	0.268	0.326	0.394	0.477	0.575	0.693	0.833	1.000	1.198	1.434
21	0.135	0.167	0.205	0.251	0.308	0.376	0.459	0.560	0.680	0.825	1.000	1.209	1.460
22	0.123	0.153	0.190	0.235	0.291	0.359	0.443	0.544	0.668	0.818	1.000	1.220	1.486
23	0.112	0.140	0.176	0.220	0.275	0.343	0.427	0.529	0.656	0.811	1.000	1.231	1.514
24	0.102	0.129	0.163	0.206	0.260	0.327	0.411	0.515	0.644	0.803	1.000	1.243	1.541
25	0.092	0.118	0.151	0.193	0.246	0.313	0.396	0.501	0.632	0.796	1.000	1.254	1.569
26	0.084	0.109	0.140	0.181	0.233	0.298	0.382	0.487	0.621	0.789	1.000	1.265	1.598
27	0.076	0.100	0.130	0.169	0.220	0.285	0.368	0.474	0.609	0.781	1.000	1.277	1.627
28	0.069	0.092	0.121	0.159	0.208	0.272	0.354	0.461	0.598	0.774	1.000	1.288	1.656
29	0.063	0.084	0.112	0.149	0.197	0.259	0.342	0.448	0.587	0.767	1.000	1.300	1.686
30	0.057	0.077	0.104	0.139	0.186	0.248	0.329	0.436	0.577	0.760	1.000	1.312	1.717
31	0.052	0.071	0.096	0.130	0.176	0.236	0.317	0.424	0.566	0.753	1.000	1.324	1.748
32	0.047	0.065	0.089	0.122	0.166	0.226	0.306	0.413	0.556	0.747	1.000	1.336	1.780
33	0.043	0.060	0.083	0.114	0.157	0.215	0.295	0.402	0.546	0.740	1.000	1.348	1.812
34	0.039	0.055	0.077	0.107	0.149	0.206	0.284	0.391	0.536	0.733	1.000	1.360	1.845
35	0.036	0.050	0.071	0.100	0.140	0.196	0.274	0.380	0.526	0.726	1.000	1.373	1.879
36	0.032	0.046	0.066	0.094	0.133	0.187	0.264	0.370	0.517	0.720	1.000	1.385	1.913
37	0.029	0.042	0.061	0.088	0.126	0.179	0.254	0.359	0.507	0.713	1.000	1.398	1.948
38	0.027	0.039	0.057	0.082	0.119	0.171	0.245	0.350	0.498	0.707	1.000	1.410	1.983
39	0.024	0.036	0.053	0.077	0.112	0.163	0.236	0.340	0.489	0.700	1.000	1.423	2.019
40	0.022	0.033	0.049	0.072	0.106	0.156	0.227	0.331	0.480	0.694	1.000	1.436	2.056

图 3-31　贴现率为10%不同浮动比率的现值计算

在不同浮动比率下的年金现值计算，贴现率为 10%													
年	浮动比率												
	0%	1%	2%	3%	4%	5%	6%	7%	8%	9%	10%	11%	12%
1	0.909	0.918	0.927	0.936	0.945	0.955	0.964	0.973	0.982	0.991	1.000	1.009	1.018
2	1.736	1.761	1.787	1.813	1.839	1.866	1.892	1.919	1.946	1.973	2.000	2.027	2.055
3	2.487	2.535	2.584	2.634	2.684	2.735	2.787	2.839	2.892	2.946	3.000	3.055	3.110
4	3.170	3.246	3.324	3.403	3.483	3.566	3.649	3.735	3.821	3.910	4.000	4.092	4.185
5	3.791	3.899	4.009	4.123	4.239	4.358	4.480	4.605	4.734	4.865	5.000	5.138	5.279
6	4.355	4.498	4.645	4.797	4.953	5.115	5.281	5.453	5.630	5.812	6.000	6.194	6.394
7	4.868	5.048	5.234	5.428	5.628	5.837	6.053	6.277	6.509	6.750	7.000	7.350	7.528
8	5.335	5.553	5.781	6.019	6.267	6.526	6.796	7.078	7.372	7.680	8.000	8.334	8.683
9	5.759	6.017	6.288	6.572	6.871	7.184	7.513	7.858	8.220	8.601	9.000	9.419	9.859
10	6.145	6.443	6.758	7.090	7.441	7.812	8.203	8.616	9.053	9.513	10.000	10.514	11.057
11	6.495	6.834	7.194	7.575	7.981	8.411	8.868	9.354	9.870	10.418	11.000	11.619	12.276
12	6.814	7.193	7.598	8.030	8.491	8.983	9.510	10.072	10.672	11.314	12.000	12.733	13.517
13	7.103	7.523	7.972	8.455	8.973	9.530	10.127	10.770	11.460	12.202	13.000	13.858	14.781
14	7.367	7.825	8.320	8.853	9.429	10.051	10.723	11.449	12.233	13.082	14.000	14.993	16.068
15	7.606	8.103	8.642	9.226	9.860	10.549	11.297	12.109	12.993	13.954	15.000	16.139	17.378
16	7.824	8.358	8.941	9.576	10.268	11.024	11.849	12.752	13.738	14.818	16.000	17.294	18.713
17	8.022	8.593	9.218	9.903	10.653	11.477	12.382	13.377	14.470	15.674	17.000	18.461	20.071
18	8.201	8.808	9.475	10.209	11.018	11.910	12.895	13.985	15.189	16.523	18.000	19.638	21.454
19	8.365	9.005	9.713	10.496	11.362	12.323	13.390	14.576	15.895	17.363	19.000	20.825	22.862
20	8.514	9.187	9.934	10.764	11.688	12.718	13.867	15.151	16.588	18.196	20.000	22.024	24.296
21	8.649	9.353	10.139	11.015	11.996	13.094	14.326	15.711	17.268	19.022	21.000	23.233	25.756
22	8.772	9.506	10.329	11.251	12.287	13.454	14.769	16.255	17.936	19.840	22.000	24.453	27.243
23	8.883	9.647	10.505	11.471	12.562	13.797	15.196	16.784	18.591	20.650	23.000	25.685	28.756
24	8.985	9.776	10.668	11.678	12.822	14.124	15.607	17.299	19.235	21.454	24.000	26.927	30.297
25	9.077	9.894	10.819	11.871	13.069	14.437	16.003	17.800	19.867	22.250	25.000	28.181	31.866
26	9.161	10.003	10.960	12.052	13.301	14.735	16.384	18.287	20.488	23.038	26.000	29.446	33.464
27	9.237	10.102	11.090	12.221	13.521	15.020	16.752	18.761	21.097	23.820	27.000	30.723	35.090
28	9.307	10.194	11.211	12.380	13.729	15.291	17.107	19.222	21.695	24.594	28.000	32.012	36.746
29	9.370	10.278	11.323	12.528	13.926	15.551	17.448	19.671	22.283	25.361	29.000	33.312	38.433
30	9.427	10.355	11.426	12.667	14.112	15.799	17.777	20.107	22.859	26.122	30.000	34.624	40.150
31	9.479	10.426	11.523	12.798	14.287	16.035	18.095	20.532	23.426	26.875	31.000	35.947	41.898
32	9.526	10.491	11.612	12.920	14.453	16.261	18.400	20.944	23.982	27.622	32.000	37.283	43.678
33	9.569	10.551	11.695	13.034	14.610	16.476	18.695	21.346	24.527	28.362	33.000	38.631	45.490
34	9.609	10.606	11.771	13.141	14.759	16.682	18.979	21.736	25.063	29.095	34.000	39.992	47.335
35	9.644	10.657	11.843	13.241	14.899	16.878	19.252	22.116	25.589	29.821	35.000	41.364	49.214
36	9.677	10.703	11.909	13.335	15.032	17.065	19.516	22.486	26.106	30.541	36.000	42.749	51.127
37	9.706	10.745	11.970	13.423	15.158	17.244	19.770	22.845	26.613	31.254	37.000	44.147	53.075
38	9.733	10.784	12.027	13.505	15.276	17.415	20.014	23.195	27.111	31.961	38.000	45.558	55.058
39	9.757	10.820	12.079	13.582	15.389	17.578	20.250	23.535	27.600	32.661	39.000	46.981	57.077
40	9.779	10.853	12.128	13.654	15.495	17.733	20.478	23.866	28.080	33.355	40.000	48.417	59.133

图 3-32 贴现率为 10%不同浮动比率的年金

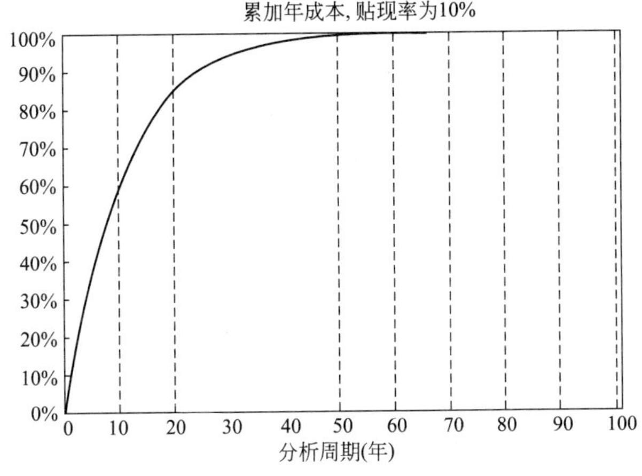

图 3-33 寿命周期成本研究周期

3. 经济等价

如果一个物品现价 10000 美元，使用期 20 年，今年应该存储多少钱以应对其 20 年后的更新？通货膨胀率为每年 3%，20 年的实际重置成本为 18000 美元，如果折算成现价，为 2680 美元(10000 美元乘以 0.268)。换一种说法，如果今天把 2680 美元存进银行，利率为 10%，20 年后就会得到 18000 美元。这个增长反映出，实际贴现率为 7%，通货膨胀率为 3%。用经济学的话来说，在贴现率为 10%，通货膨胀率为 3%的情况下，今天的 2680 美元(基期年)相当于 20 年后的 18000 美元。

另外还有一种实质相同的分析方法，使用不变的金额(20 年无通货膨胀成本为 10000 美元)以及 7%的贴现率，结果得到 2580 美元(10000 美元乘以 0.258)。

另外一个等价的例子如图 3-34 所示；在这个例子中，在利率 10%，通货膨胀率 3%的情况下，每年支出 1000 美元，共支出 5 年，等价于的今天的 4123 美元。从该图中还可以看出，如果无通货膨胀，利率为 7%，那么每年 1000 美元，最终也是等值的。还有其他等价的例子如下(以一个高中为例，30 年内贴现率 10%，通货膨胀率 3%)：

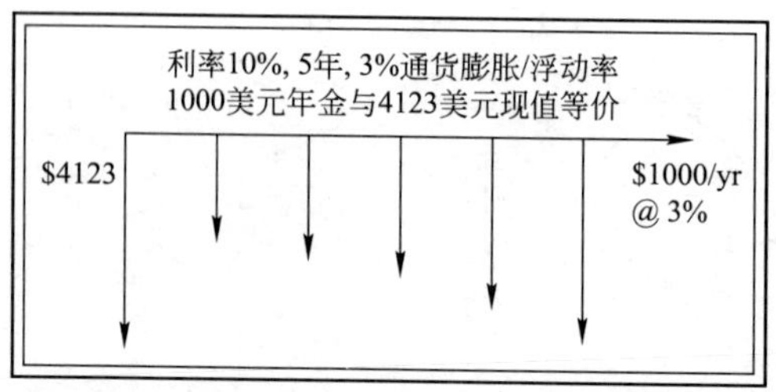

年	支出（无通货膨胀）	支出（通货膨胀）@3%	贴现率 @10%	现值	贴现率 @10%&3%通货膨胀率	贴现率 @7%	现值
1	$1000	$1030	0.909	$936	0.936	0.935	$935
2	$1000	$1061	0.826	$877	0.877	0.873	$873
3	$1000	$1093	0.751	$821	0.821	0.816	$816
4	$1000	$1126	0.683	$769	0.769	0.763	$763
5	$1000	$1159	0.621	$720	0.720	0.713	$713
			3.791	$4123	4.123	4.100	$4100

图 3-34　价值等价案例

- 教师工资的现值＝685000 美元
- 高中学校平均面积为 5500 平方英尺＝685000 美元
- 能源消耗现值——650t 冷却器 ＝685000 美元
- 275000 平方英尺高中内照明系统成本＝685000 美元
- 275000 平方英尺高中地板维护费用现价＝685000 美元

4. 成本分类

在某个设备使用周期内，成本花费的范围会很广，原因会很多。寿命周期成本分析是一种比较性分析；因此，必须对成本进行正确识别和分类，以排除普通项，集中精力分析关键项。成本可作如下分类：

A. 初期成本

（1）施工

（2）固定费用

（3）其他初期成本

B. 未来一次性投入成本

（1）更新

（2）改建

(3) 抢修

(4) 其他一次性投入成本

C. 设施未来年度成本

(1) 运行

(2) 维护

(3) 财务

(4) 税金

(5) 保险

(6) 安保

(7) 其他年度成本

D. 使用成本

(1) 工资

(2) 材料

(3) 停用成本

(4) 其他使用成本

初期成本包括施工、固定费用和其他初期成本，比如土地获取和迁移费用。这些费用指和设施准备有关的“预先”费用。

未来一次性投入成本指非年度性主要开支(尽管可能是周期性的)，包括替换费用，选择性变更费用及救助费用。

设施年度成本包括设施自身运行的所有成本，不包括设施产出物的成本。这些成本包括操作费、维修费和其他环境建设费。

使用成本指和设施产出物有关的成本，包括工资、材料和其他非设施性成本。因为具体选择的不同，其他成本如停用成本可能出现在施工过程中；这些成本包括临时空间费用、操作费用和附加的安全费用。

相应的，在考虑成本的同时还应考虑收益。我们最终可能会有源源不断的收入，在收回投资的基础上获取收益。寿命周期成本计算法的关注焦点是成本最优化，因此这种方法也可用于计算收入最优化。

图 3-35 所示为一所典型的高中的整体所有成本。请注意其初期成本只占设施整体所有成本的 25%。其他类型的设施，

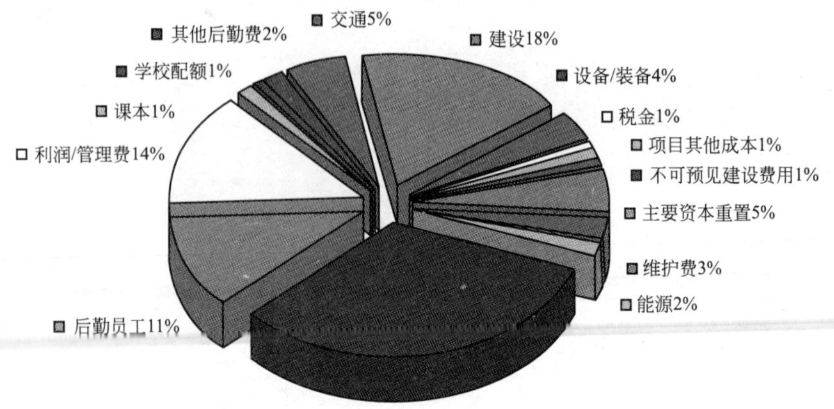

统计		
计算期间(年)	30	
贴现率(利率)	8%	
浮动比率(通货膨胀率)	3%	
总面积	平方英尺	244000
学生	每名	1600
每名教师相对学生数		16
后勤员工相对教师数		2.3
利润/管理费	%	32%

分项	单位	数量	单位成本	当前成本	系数	现值	百分比
投资成本							
建设	$/平方英尺	244000	$13300	$32452000	1	$32452000	18%
设备/装备	$/平方英尺	244000	$26.50	$6466000	1	$6466000	4%
税金	$/平方英尺	244000	$7.00	$1708000	1	$1708000	1%
项目其他成本	$/平方英尺	244000	$7.00	$1708000	1	$1708000	1%
不可预见建设费用	$/平方英尺	244000	$6.50	$1586000	1	$1586000	1%
小计-初始投资成本	$/平方英尺	244000	$180.00	$43920000	1	$43920000	24%
主要资本重置成本	$/平方英尺/年	244000	$2.50	$610000	15.63	$9534894	5%
资本成本合计						$53454894	29%
运作 & 维护							
维护费	$/平方英尺/年	244000	$1.40	$341600	15.63	$5339541	3%
能量	$/平方英尺/年	244000	$0.80	$195200	15.63	$3051166	2%
小计				$536800		$8390707	5%
功能运行							
教职员工	教师数	100	$38000	$3800000	15.63	$59397700	32%
后勤员工	职工数	43	$31000	$1333000	15.63	$20836088	11%
利润/管理费	%	32%		$1642560	15.63	$25674812	14%
课本	学生数	1600	$90	$144000	15.63	$2250860	1%
学校配额	学生数	1600	$65	$104000	15.63	$1625621	1%
其他后勤费用	学生数	1600	$135	$216000	15.63	$3376290	2%
交通费	学生数	1600	$360	$576000	15.63	$9003441	5%
				$7815560		$122164813	66%
				总计			
				现值		**$184010413**	
				等价年金	**0.0640**	**$11772166**	
				等价年金/每学生	**1600**	**$7358**	
				等价年金/每学生(不包括资本)	**1600**	**$5220**	

图 3-35 一所典型高中的寿命成本分析

如医院、研究实验室和司法机关，其未来成本的权重可能更高。在几乎所有的例子中，和整体所有成本相比，初期成本都只占25%或更少。

5. 寿命周期成本计算过程

寿命周期成本计算的焦点是对相互处于竞争地位的各种方案进行比较。为达到这一目的，每种方案的现今成本和未来成本都需要确定在一个共同的时间点上。有两种方法可以任选其一使用。

可使用现值法，将所有成本转化为现今成本，也可使用年金法，把成本转化为一系列等额的年度支付成本。使用这两种方法都可以很好地比较不同方案。

(1) 现值法

使用现值法，需要将所有现今开支和未来开支都转化到现今成本的基期上。初期(现今)成本不需要转化。使用前文提到的因素，可以把未来成本转化为现值。

在这个过程中有一个重要的问题：业主必须确定回报率或折旧率。联邦政府通过管理及预算办公室(OMB)发布了A-94号通知，规定了经济分析要求。该通知规定，设施研究中使用10%的利率，不动产租赁或购买除外。一般情况下，如果寿命周期为25～40年，就认为合适使用未来成本估价方法。有差异的浮动率(高于经济情况的通货膨胀率)在需要时也可作为循环费用的考虑因素(参见图3-36)。

(2) 年金法

第二种方法将初期成本、循环费用和非循环费用转化为一系列等额的年度支付额；可用于将所有寿命周期成本转化为年度开支。房屋支付方式就是这种方法的例子；即，买主选择分期付款的方式购买一栋房屋，每月支付1050美元(共支付360个月，每月数额相同，年利率10%)，而不是一次性支付150000美元。循环费用本身就以年度成本的形式计算；因此不需要进行调整。而初期成本则需要进行等值成本转化，非循环费用(未来开支)也应当转化成现今成本(现值)，再转化成年度开支(年度成本)。

考虑了浮动比率的年金，贴现率＝10%															
	浮动比率														
年	0%	1%	2%	3%	4%	5%	6%	7%	8%	9%	10%	11%	12%	13%	14%
1	0.909	0.918	0.927	0.936	0.945	0.955	0.964	0.973	0.982	0.991	1.000	1.009	1.018	1.027	1.036
2	1.736	1.761	1.787	1.813	1.839	1.866	1.892	1.919	1.946	1.973	2.000	2.027	2.055	2.083	2.110
3	2.487	2.535	2.584	2.634	2.684	2.735	2.787	2.839	2.892	2.946	3.000	3.055	3.110	3.167	3.224
4	3.170	3.246	3.324	3.403	3.483	3.566	3.649	3.735	3.821	3.910	4.000	4.092	4.185	4.280	4.377
5	3.791	3.899	4.009	4.123	4.239	4.358	4.480	4.605	4.734	4.865	5.000	5.138	5.279	5.424	5.573

考虑了浮动比率的年金，贴现率＝7%															
	浮动比率														
年	0%	1%	2%	3%	4%	5%	6%	7%	8%	9%	10%	11%	12%	13%	14%
1	0.935	0.944	0.953	0.963	0.972	0.981	0.991	1.000	1.009	1.019	1.028	1.037	1.047	1.056	1.065
2	1.808	1.835	1.862	1.889	1.917	1.944	1.972	2.000	2.028	2.056	2.085	2.114	2.142	2.171	2.201
3	2.624	2.676	2.728	2.781	2.835	2.889	2.944	3.000	3.056	3.114	3.171	3.230	3.289	3.349	3.410
4	3.387	3.470	3.554	3.640	3.727	3.817	3.907	4.000	4.094	4.190	4.288	4.388	4.490	4.593	4.698
5	4.100	4.219	4.341	4.466	4.595	4.727	4.862	5.000	5.142	5.287	5.437	5.589	5.746	5.907	6.071

图 3-36　考虑了浮动比率的贴现等价年金

6. 其他经济分析方法

根据客户要求和特殊需求的不同，可以在寿命周期研究中使用其他经济分析方法。依据相关规则和技巧，可以进行灵敏性分析；确定回收期；在备选方案中建立收支平衡关系；确定回报率、额外投资率、备选方案的回报率；进行现金流分析；审查利润和成本。

所有方法，如果正确使用，都会得到相同的结论；换言之，应当选择经济效益最好的方案。因为建筑界看重资金成本，因此本书推荐使用现值法。此外，现值法更易使用，其结论也容易理解。

图 3-37 为进行现值寿命周期计算法研究的工作时间样表。在该工作表(为电子数据表)中输入初期成本、重置成本和年度成本，电脑会自动计算现值。同时还会计算简单折旧回报期限。

7. 质量和成本的关系

寿命周期成本计算法是一种对相互竞争的方案的设施寿命进行比较的方法。这些方案对各种系统的不同性能有一个大概的反映，比如它们的使用期限，保养要求和能耗。这些系统的性能可以反映出自身的“质量”：质量高一些的系统一般初期成本较高，未来成本较低，质量低的系统则相反。

让我们再回顾一下第 1 章图 1-5，其中列出了相对于初期成本及未来成本而言，质量和成本的关系，并指出一般情况下存在着“最佳寿命周期成本”设计方案。如果业主的质量要求确定得当，则可以在质量和成本之间找到最佳平衡点，求得最佳设施成本。

有趣的是，在传统设计过程中，总是有“拔高”质量的倾向，认为质量更高一些总是好的。但实际上，在超过实际需要的质量上投资并不是好的做法，尤其在这部分超标的质量带来超高成本的情况下更不可取。相反，如果为了达到资金预算要求进行成本削减，则可能使质量降低到实际需求以下，导致寿命周期性能低于最佳值。设计者可以加强设计控

					选项 2		选项 3		
寿命周期一普通功能工作表					原始设计		选项 1		现值
研究标题:									
贴现率:			日期:		成本估价	现值	成本估价	现值	
寿命周期(年)									
初始/后续成本	**初始/后续成本**								
	A.								
	B.								
	C.								
	D.								
	E.								
	F.								
	G.								
	H.								
	I.								
	J.								
	初始/后续成本合计								
	差额								
重置成本/残值	**重置成本/残值（单一支出）**	发生年或周期	通货膨胀/浮动比率	现值因数					
	A.								
	B.								
	C.								
	D.								
	E.								
	F.								
	G.								
	H.								
	I.								
	J.								
	重置成本/残值合计								
年成本	**年成本**		通货膨胀/浮动比率	现值因数					
	A.								
	B.								
	C.								
	D.								
	E.								
	F.								
	G.								
	H.								
	I.								
	J.								
	年成本合计								
	重置成本/残值+年成本(现值)小计								
	差额								
寿命周期成本	**总寿命周期成本(现值)**								
	寿命周期成本现值差额								无
	回报一简单贴现(加上成本/储蓄年金)							无	无
	回报一全贴现(加上成本+利息/储蓄年金)							无	
	寿命周期成本总计一年金				每年		每年		

图 3-37　现值寿命周期计算工作样表

制，求得质量和成本之间的最佳结合点，从而得到最佳整体寿命周期成本。

提醒！
质量高一些的系统一般初期成本较高，未来成本较低，质量低的系统则相反。

8. 寿命周期成本计算法在整个建造过程中的应用

利用寿命周期成本计算法，可以分析比较不同设计方案的优劣，提供性能更好的设施，并产生最佳设施财务性能。

寿命周期成本计算法影响整个建造的三个基本渠道如下：

（1）业主重视系统性能和设施设计，要求在选择系统之前进行寿命周期成本分析。业界倾向于规定“性能要求”的现状也促使在设施设计过程中使用这种分析方法。这种方法有助于确保业主对设施进行的投资在整体上是正确的。不论发包方式如何，业主在选择初始队伍时，都能将寿命周期成本的影响考虑进去。业主可以要求对整体设施进行寿命周期成本估价，或者在出现违反业主要求的情况时再进行评估。业主也可以坚持要求进行性能“保证”，以此作为未来奖惩的依据。业主还可以提出“绿色”建筑施工、可持续设计、提高工作空间生产力等要求。

（2）设计队伍在提交参与竞争的设计方案时强调寿命周期性能。对设计队伍来说，可以强调寿命周期性能，作为对业主要求的回应，以提高竞争力，显示效率，也可以不提出这个问题。但从长远来看，一份寿命周期效率性设计很可能是最具竞争力的。

（3）在有效设计和操作过程中对初期成本和占有成本进行“最优化”。在进行初期投资时小心谨慎以获取寿命周期性能更佳的设施，这种做法所带来的好处已人所共知，这里不再赘述。

9. 举例：对设计一施工方推荐的采暖通风与空调系统进行寿命周期成本分析

图 3-38 所示为某业主对设计一施工方推荐的一所学校的采暖通风与空调系统进行的独立审查。分析显示，如果在初期多投入 170 万美元，提高采暖通风与空调系统的性能，可以在设

普通功能工作表					方案 1 独立屋顶式机组		方案 2 中央机组 4 组送风风扇	
研究标题：**采暖通风与空调系统分析**					成本估价	现值	成本估价	现值
贴现率： **8.0%** 日期： **12/17/1997**								
寿命周期(年) **30**								
初始/后续成本	**初始/后续成本**							
	A. 设备				1212354	1212354	2803000	2803000
	B. 屏蔽				55501	55501	40000	40000
	C. 生产面积						128000	128000
	D.							
	E.							
	F.							
	G.							
	H.							
	I.							
	J.							
	初始/后续 成本合计				$ 1267855	$ 1267855	$ 2971000	$ 2971000
	差额							($ 1703145)
重置成本/残值	**重置成本/残值 (单一支出)**	年	通货膨胀/浮动比率	现值因数				
	A. 屋顶式机组(70%)	8		0.540	770000	416007		
	B. 屋顶式机组(70%)	16		0.292	770000	224756		
	C. 屋顶式机组(70%)	24		0.158	770000	121428		
	D. 送风风扇(100%)	15		0.315			408888	128899
	E. 中央机组设施	20		0.215			600000	128729
	F.							
	G.							
	H.							
	I.							
	J.							
	重置成本/残值合计					$ 762191		$ 257627
年成本	**年成本**		通货膨胀/浮动比率	现值因数				
	A. 维护－屋顶式机组		1%	12.496	75360	941693		
	B. 维护－送风风扇		1%	12.496			37680	470847
	C. 维护－中央机组 & 分布		1%	12.496			28800	359883
	D. 动力		3%	15.631	468000	7315296	192000	3001147
	E.			11.258				
	F.							
	G.							
	H.							
	I.							
	J.							
	年成本合计				$ 543360	$ 8256989	$ 258480	$ 3831876
	重置成本/残值＋年成本(现值)					$ 9019180		$ 4089504
	差额							$ 4929676
寿命周期成本	总寿命周期成本(现值)					$ 10287035		$ 7060504
	寿命周期成本现值差额							$ 3226531
	回报－简单贴现(加上成本/储蓄年金)							3.9 年
	回报－全贴现(加上成本＋利息/储蓄年金)							4.8 年
	寿命周期成本总计－年金				每年	$ 913771	每年	$ 627166

图 3-38 采暖通风与空调系统分析

施整个使用期内净节约 320 万美元，并在 5 年内收回投资。

十、小结

本章介绍了各种预测成本的成本估价方法，以及一些如何在设计和施工阶段处理成本问题的技巧。主要内容包括，利用有效格式的重要性，评估和投标的区别，成本估价的原则，具体的成本估价方法，以及有关价值管理/工程，寿命周期成本计算，风险管理的重要内容。

这些方法和技巧为进行有效的成本管理提供一定基础。下一章我们将会谈到有效信息的重要性，以及怎样获取成本数据，怎样在企业内部处理成本信息等内容。

第4章 成本估价工具

成本估价和成本管理依赖于可靠、全面、即时的信息供应量。第3章论述了使用有效成本估价方法进行成本管理的重要性。本章着重介绍怎样使用公开的成本信息资源，怎样从内部信息中收集、利用成本信息。主要内容如下：

- 解读成本信息
- 使用成本指数
- 参考公开的成本信息
- 制定并保持成本数据文件
- 进行计算机辅助估价

本章还将介绍怎样识别成本信息，以及充分利用信息发挥更大作用的几种方法。

一、解读成本信息

成本信息可以从多种渠道获得，如公开出版的数据、合同当事人和供货方的报价、公用数据(可从万维网上大量获取)、合同成本历史记录，以及从个人项目中获取的成本信息。这些信息可用于准备评估、调整评估，建立/确定区域性或贯穿全程的经济模式/趋势。关注成本信息的来源，对信息的可信性和可用性进行正确评估非常重要。要始终注意，由于来源的不同，信息在时间选择、组织架构和性质方面的差别可能极大。比如，价格一览表型的信息很有用，但前提是承包商提供信息的目的可能是使自己的组织受益。又比如，对信息的分类可能和工作的实际操作状况不一致。信息所显示的最终成本里面还可能包含项目的前期成本，装载或者运输成本，又或者对常规费用的计算不完整，其间夹杂了其他方面的费用。但需要再次强调的是，这不是说这类信息没有作用，而是应当仔细解读其内容。

解读成本信息时还应当注意附加成本和企业一般管理费用在成本中的分摊方式。价格一览表型信息常被用来作为进度支付的基础，因此应注意保证正确均匀地分摊附加成本和一般管理费用。

取得或竞标获得项目时的条件和情况也应当纳入考虑。如果将一种市场情况下的成本信息生搬硬套到另一个市场，会因此做出极为错误的结论。处理这类问题需要用经验加以判断，没有绝对的对或错。

二、使用成本指数

成本指数是反映成本情况随时间及地理位置不同而变化的数据。这些数据包括历史信息或通过某种分析方法获得的即时信息。成本指数可以是对一段连续时期内项目测量值的简单组合，也可以是一种复杂的模式，反映各类事项的综合影响。不论如何，成本指数是反映建筑业现状或某些工业状况的“气压计”。

在美国有无数信息来源反映建筑业的发展趋势。其中很多信息来源于政府机构，如劳工部、商务部。商务部发布的消费者价格指数(CPI)可能是日常生活中使用最广的指数信息。CPI对与消费者有关的商品的“市场指数总览”进行测评，这些项目按消费者公开消费情况计算比例，并以普遍情况为基础确定价格。观察价格指数的涨落是判断是否发生通货膨胀的基本手段。在第2章中，图2-11标示了CPI和另一个由R. S. Means公司发布的常用指数之间的关系。这些价格指数非常接近，共同表明一个问题：尽管建筑市场的总体情况在长时期内一般都受整体经济情况的影响，但其短期内的变化会相当大。

如果各类指数差别很大，则是因为其信息来源不同。输入指数受待估项中各类消费情况影响。例如，消费者价格指数受市场指数总览的影响，包括食品、服装、商品、房屋等，换句话说，这些是日常生活中的必需品。另一类指数则基于商品产量而得出，产量是该行业产品的实际数量。例如，产出指数是基于各类汽车的成交价格做出的。为什么要强调成交价？因为产品的实际销售价格是由市场决定的，而不是由销售商一厢情愿决定的。再以国内销售为例，商品的成交价不仅受该商品价值的影响，也受市场供求关系的影响。求大于供，价格上涨；供大于求，价格下降。

大多数建筑业指数为投入指数；即，它们是衡量劳动率和材料成本的标尺，但不反映市场情况和供求关系。输入成本指数能很好反映全行业总体趋势，在同时具备单独的城市成本指数的情况下，可用输入成本指数对不同地点、不同时间的增减率进行比较。但是，输入成本指数只能反映直接劳动力价格和材料价格，不能反映受施工当地市场状况影响的价格。这不是说市场因素不影响产业投入，而是说这类变化趋向于在更能反映供求关系的较长时期内发生，特别是劳动力价格，这种特点更为明显。而对于材料价格来说，从供货商的角度看，材料价格在短期内的变化很大，从整个行业的角度看，变化则较小。

产出指数则以分包商的竞标价格或完工后的建筑物成本为基础。这类产出指数也常被称为价格指数。特纳建筑公司推出的指数是产出指数的典型例子。图 4-1 列出了这两种指数类型。需要指出的是，尽管这两类指数有若干重叠和一致的地方，受供求关系的影响，其差异也会非常显著。

在公布某项指数时，一般不会公布该指数的计算方法。但我们知道，计算成本指数的常用方法是对材料供应商进行调查，并跟踪劳动率的变化。其中重要的一个步骤是为指数各组成部分分配不同的权数。各部分的权数通常由其在市场中所发挥的实际效用的比例决定。例如，如果混凝土在一幢典型的建筑物成本中所占比例为10%，那么混凝土相关项目的权数就为10%。确定了权数就确定了各部分的定价方法。定价方法需要保持一致，因为如果要比较不同时间、不同地点的数据，只有定价方法一致，才能判断这些差异是普遍而非偶然的。图4-2举例说明了指数的计算方法。先计算基准定

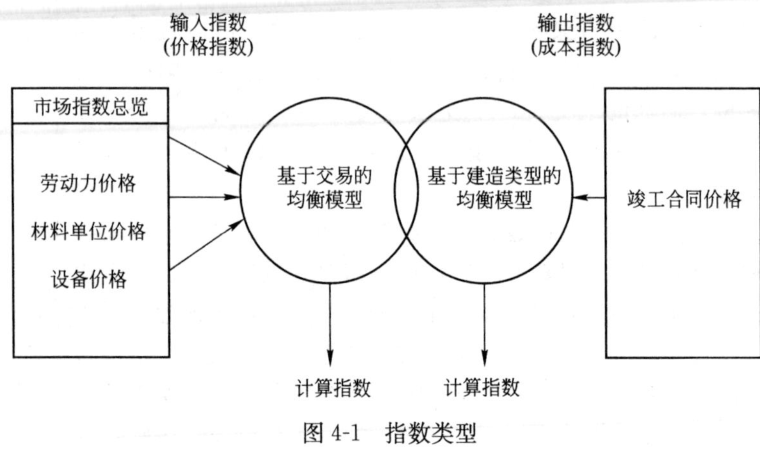

图4-1　指数类型

表项	基准定价				最新定价			
	价格基准	单位	权重	最初指数组成分析	最新价格	变化百分比	权重	最新指数组成分析
材料项1	$ 25.00	平方英尺	8.0%	0.0800	$ 28.00	12.00%	8.0%	0.0896
材料项2	$ 90.00	立方英尺	16.0%	0.1600	$ 95.00	5.56%	16.0%	0.1689
材料项3	$ 1.25	平方英尺	13.0%	0.1300	$ 1.50	20.00%	13.0%	0.1560
材料项4	$ 44.00	平方英尺	5.0%	0.0500	$ 45.00	2.27%	5.0%	0.0511
材料项5	$ 0.55	磅	16.0%	0.1600	$ 0.65	18.18%	16.0%	0.1891
材料项6	$ 6.25	平方英尺	5.0%	0.0500	$ 6.00	−4.00%	5.0%	0.0480
人工项1	$ 36.00	小时	6.0%	0.0600	$ 40.00	11.11%	6.0%	0.0667
人工项2	$ 27.00	小时	11.0%	0.1100	$ 31.00	14.81%	11.0%	0.1263
人工项3	$ 45.00	小时	9.0%	0.0900	$ 48.00	6.67%	9.0%	0.0960
人工项4	$ 23.00	小时	11.0%	0.1100	$ 28.00	21.74%	11.0%	0.1339
			100.0%	1.0000			100.0%	1.1256
							指数调整 ＝ 12.56%	

图4-2　指数计算方法案例

价，再重新计算最新定价。这两种最终计算结果的比例关系为 12.5％，反映出指数的变化。指数组成部分的数量和定价比例适当与否决定其有效性和可用性。

计算产出或价格指数需要对承包商或分包商提供的各类现场价格进行持续评估，最理想的情况是对同一建筑进行重复的营建或竞标。实际的计算过程和投入指数的计算过程相似，但由于产出指数性质不同，其组成部分的数量一般也很有限。

发表在《工程新闻纪要》(ENR；2001 年 3 月 26 日)上的一篇文章提到近期木材价格的下跌，并对两种指数类型的差别进行了重点比较：

> 建筑物成本指数的年增长率由去年 5 月的高峰值 4％下降为本月的 0.2％。其他显示劳动力和材料投入成本的指数变化也受到了木材价格下跌的影响。根据其公布的建筑成本指数，Marshall & Swift 公司预计今年 4 月通货膨胀率仅为 0.7％，比之去年 9 月的 5％有大幅下降。Austin，Turner and Smith 集团发布的销售价格指数增长了 3.8％，比其他七类通用评估指数平均高出 1.4％。多年来，两类指数的差异率最高达到 2.4％，在某种程度上表明建筑市场涨价确实普遍存在。

这篇文章明确指出，不反映市场供求关系变化的投入指数定价和反映市场供求关系变化的产出指数定价是不同的。

指数还可进一步细分为以下种类：

- 按时间分，即按时间的不同进行分类
- 按地域分，即按地域的不同进行分类
- 复合型。即兼有以上两种性质

1．输入成本指数的获取渠道

输入成本指数可从以下渠道获得：

(1)《工程新闻纪要》

《工程新闻纪要》是一本周刊，在前文中我们引用过其中的数据。该周刊提供季度性成本报告和两种指数：建筑成本指数(CCI)及建筑物成本指数(BCI)。前者始建于 1921 年，是一种反映基本成本趋势的通用工具，一种加权集合指数，反映定量建筑钢材、波特兰水泥、木材和普通劳动力的价格。其假定的市场指数总览是以 1913 年的价格 100 美元为参照。

将普通劳动力价格作为建筑成本指数的内容之一，其初衷是想反映建筑工人为提高工资水平而进行罢工等活动的结果。但在 20 世纪 30 年代，普通工人工资和福利的增长比熟练工人快得多。ENR 因此于 1938 年推出建筑物成本指标，以反映熟练劳动力贸易对建筑成本的影响。

在建筑物成本指数中，劳动力价格指木匠、砖瓦匠和建筑钢铁工人的平均工资率和福利水平。材料价格的含义和建筑成本指数中的含义相同。

这两种指数旨在反映美国建筑成本的潜在基本趋势。因此所包含的项目都是那些受地方性条件影响较小的建筑材料。ENR 之所以将钢材、木材和水泥纳入选项，是因为这些东西与美国经济及价格结构的关系较为稳定。相关比例如下：

建筑成本指数(CCI)	建筑物成本指数(BCI)
普通人工：79%	熟练工：63%
钢材：11%	钢材：20%
木材：9%	木材：15%
水泥：1%	水泥：2%

ENR 同时还定期出版美国 20 个主要城市的材料价格。但是，正如 ENR 自己也承认的那样："………单个城市的价格指数中使用的成本要素较少，这类指数的可参考性更易受到信息来源改变及价格引用错误的影响。但对于上述 20 个城市的指数，这种状况会趋向于最终平衡。"

在生产力、管理效率、劳动力市场情况、承包人一般管理费用及利润改变的情况下，这两种指数都不会随之作出调整。图 4-3 是 ENR 1978 年至 2001 年 10 月期间的建筑物成本指数，附带价值对比。

建筑成本指数（1915—2001 年）

ENR 如何确定建筑指数：20 个城市中熟练砖匠、木匠、建筑钢筋工工作 66.38 小时的平均工资，加 25 英担的标准建筑用钢，价格为 20 个城市的 1996 年前的钢结构制作出厂价以及 1996 年以来的金属预制件价格，加 1.128t 波特兰水泥 20 个城市的平均价，加 20 个城市 1088 平方英尺 2×4 规格的木材价格

年分/月	1 月	2 月	3 月	4 月	5 月	6 月	7 月	8 月	9 月	10 月	11 月	12 月	年平均
1978	1609	1617	1620	1621	1652	1663	1696	1705	1720	1721	1732	1734	1674
1979	1740	1740	1750	1749	1753	1809	1829	1849	1900	1900	1901	1909	1819
1980	1895	1894	1915	1899	1888	1916	1950	1971	1976	1976	2000	2017	1941
1981	2015	2016	2014	2064	2076	2080	2106	2131	2154	2151	2181	2178	2097
1982	2184	2198	2192	2197	2199	2225	2258	2259	2263	2262	2268	2297	2234
1983	2311	2348	2352	2347	2351	2388	2414	2428	2430	2416	2419	2406	2384
1984	2402	2407	2412	2422	2419	2417	2418	2428	2430	2424	2421	2408	2417
1985	2410	2414	2406	2405	2411	2429	2448	2442	2441	2441	2446	2439	2428
1986	2440	2446	2447	2458	2479	2493	2499	2498	2504	2511	2511	2511	2483
1987	2515	2510	2518	2523	2524	2525	2538	2557	2564	2569	2564	2589	2541
1988	2574	2576	2586	2591	2592	2595	2598	2611	2612	2612	2616	2617	2598
1989	2615	2608	2612	2615	2616	2623	2627	2637	2660	2662	2665	2669	2634
1990	2664	2668	2673	2676	2691	2715	2716	2716	2730	2728	2730	2720	2702
1991	2720	2716	2715	2709	2723	2733	2757	2792	2785	2786	2791	2784	2751
1992	2784	2775	2799	2809	2828	2838	2845	2854	2857	2867	2873	2875	2834
1993	2886	2886	2915	2976	3071	3066	3038	3014	3009	3016	3029	3046	2996
1994	3071	3106	3116	3127	3125	3115	3107	3109	3116	3116	3109	3110	3111
1995	3112	3111	3103	3100	3096	3095	3114	3121	3109	3117	3131	3128	3111
1996	3127	3131	3135	3148	3161	3178	3190	3223	3246	3284	3304	3311	3203
1997	3332	3333	3323	3364	3377	3396	3392	3385	3378	3372	3350	3370	3364
1998	3363	3372	3368	3375	3374	3379	3382	3391	3414	3423	3424	3419	3391
1999	3425	3417	3411	3421	3422	3433	3460	3474	3504	3505	3498	3497	3456
2000	3503	3523	3536	3534	3558	3553	3545	3546	3539	3547	3541	3548	3540
2001	3545	3536	3542	3541	3547	3572	3625	3605	3597	3602			

基准：1913 年=100. 修订于 2000 年 3 月、4 月、5 月

图 4-3　ENR 建筑成本指数摘录

Means 建筑成本指数表(2001 年)

建筑成本指数	2001 年 6 月 1 日	平均 30 个城市			纽约，纽约州			芝加哥，伊利诺伊州		
分项标号	表项	材料	安装	合计	材料	安装	合计	材料	安装	合计
01590	**设备租赁**	.0	112.4	112.4	.0	131.5	131.5	.0	105.5	105.5
02300	土方工程	121.7	115.3	116.1	186.1	147.9	152.7	112.9	104.2	105.3
02400，02450	隧道及承载结构	100.8	111.1	106.5	96.6	122.3	111.0	100.5	116.5	109.4
02700	地基 & 公路	138.1	113.1	134.3	178.9	135.8	172.4	148.8	117.9	144.1
02500，02600	市政设施 & 排水	118.2	126.6	118.9	114.7	215.4	123.3	110.4	168.7	115.3
02800	场地修缮	111.9	113.8	112.8	104.3	132.6	117.8	101.1	130.7	115.2
02900	植被	122.7	116.0	119.3	174.6	162.6	168.4	76.4	105.5	91.4
02	**场地工程**	123.3	115.3	117.2	168.9	148.6	153.2	110.4	105.0	106.2
03100	混凝土模板 & 附件	121.5	125.5	125.0	133.1	221.1	209.2	125.2	165.5	160.1
03200	钢筋混凝土	115.3	124.9	120.7	121.2	229.8	182.3	109.5	202.8	162.0
03300	现浇混凝土	136.5	121.7	130.1	172.8	202.1	185.4	154.6	158.5	156.3
03400	预制混凝土	119.2	118.6	119.1	160.7	162.8	161.0	123.6	144.8	126.5
03	**混凝土**	127.0	123.7	125.3	159.2	212.9	186.3	136.4	168.3	152.5
04050	基本砖石材料 & 工艺	135.4	123.9	129.6	162.2	198.3	180.3	146.2	158.8	152.5
04200	砌块	125.7	126.1	126.0	136.5	215.1	184.5	116.8	167.9	148.0
04400	石料	137.4	126.2	129.8	153.4	214.6	195.2	130.4	167.6	155.8
04	**砖石工程**	126.8	126.0	126.3	139.3	213.9	185.0	119.8	167.2	148.8
05100	结构钢架	123.9	120.7	122.7	140.0	173.9	152.1	118.3	152.0	130.4
05200，05300	钢梁 & 钢板	134.4	119.9	128.5	147.0	169.4	156.1	129.1	149.6	137.5
05500	钢预制件	100.0	128.7	105.3	100.0	209.1	120.3	100.0	189.1	116.5
05	**钢结构工程**	128.1	120.5	125.2	140.4	171.9	152.3	123.3	151.7	134.0
06100	粗木工	121.9	125.5	124.2	144.7	223.6	195.5	122.0	164.6	149.5
06200	精木工	176.2	126.1	169.8	180.0	227.5	186.1	184.9	166.1	182.5

图 4-4 R. S. Means 建筑成本指数实例(一)

06	**木材 & 塑料工程**	141.9	125.6	133.0	157.7	223.8	193.7	145.1	164.7	155.8
07100	防水防潮	105.2	126.1	121.6	111.9	227.5	202.4	102.6	166.1	152.3
07200，07800	耐火、消防、消烟	109.8	124.4	114.5	116.4	218.4	148.9	107.3	164.8	125.7
07400，07500	屋顶 & 侧板	143.7	119.1	130.5	148.3	172.0	160.9	148.9	149.9	149.4
07600	挡雨板 & 金属板	112.6	129.7	125.6	112.6	210.8	187.1	112.6	158.8	147.6
07	**保温 & 防潮**	119.4	123.7	121.4	124.5	200.4	159.8	119.3	158.8	137.7
08100-08300	门 & 门框	114.8	127.7	117.6	107.1	220.6	132.3	115.9	179.6	130.0
08800，08900	玻璃 & 玻璃墙	147.3	126.5	138.0	174.2	207.4	189.0	140.8	176.2	156.6
08	**门窗工程**	125.2	127.1	125.6	121.6	219.1	144.8	130.1	176.4	141.1
09200	石膏 & 改性石膏板	153.9	126.1	134.7	159.3	227.5	206.4	153.4	166.1	162.2
09300，09400	瓷砖 & 水磨石	115.1	122.9	118.6	145.5	201.9	171.0	98.0	161.3	126.6
09500，09800	顶棚 & 隔声措施	112.1	126.1	121.1	117.4	227.5	188.5	107.3	166.1	145.3
09600	地板	116.6	124.3	118.4	115.0	204.8	136.1	99.0	161.7	113.7
09700，09900	木饰，油漆 & 罩面	119.5	125.0	122.7	116.8	197.7	163.3	95.5	168.3	137.3
09	**装饰工程**	119.5	125.1	122.3	128.9	216.1	173.3	105.8	164.9	135.9
10000-14000	**10000-14000 小计**	141.3	128.8	138.5	141.3	194.0	153.1	141.3	158.1	145.0
150-152，154	卫生管道：管道，附件 & 设施	119.1	128.4	123.4	119.1	213.3	162.4	119.1	155.0	135.6
15300，13900	消防/防火	90.3	130.2	115.6	90.3	206.8	164.1	90.3	155.2	131.4
15500	暖气设备	129.3	128.4	128.9	131.2	207.7	161.4	129.4	161.1	141.9
15600-15800	空调 & 通风	156.1	128.0	153.5	156.1	210.8	161.0	156.1	161.0	156.5
15	**机械**	124.4	128.8	126.3	124.6	211.3	162.4	124.4	155.7	138.0
16	**电气**	107.8	131.2	123.0	119.8	229.9	191.5	109.0	172.9	150.7
01-16	加权平均	**124.9**	**125.4**	**125.1**	**134.4**	**204.7**	**168.4**	**123.8**	**157.7**	**140.1**
	基于 2001 年 1 月 1 日	**103.4**	**101.3**	**102.3**	**111.3**	**165.4**	**137.7**	**102.5**	**127.4**	**114.6**

图 4-4 R.S. Means 建筑成本指数实例(二)

（2）R. S. Means 公司

R. S. Means 公司出版了几本有名的成本数据资料，涵盖了建筑业的各个方面。Means 指数的基础是复合型建筑，代表着现代设计标准和实践。

复合型建筑由以下几种建筑类型组成：

工厂，1 层

办公楼，2～4 层

商店，零售型

市政厅，2～3 层

中学，2～3 层

医院，4～8 层

车库

公寓楼，1～3 层

宾馆或汽车旅馆，2～3 层

组成 Means 指数的元素中包括 66 种常用建筑材料，21 个建筑项目的具体人工时，6 种建筑设备的具体租赁工日。材料和设备成本每个季度都会根据从美国和加拿大 719 个城市收集的数据进行更新。人工成本则根据上述 21 个建筑项目最新议定工资率作出。根据这一数据以及美国 30 个主要城市的相关数据，可以计算出全美国平均值。

和 ENR 指数相似，Means 指数也不考虑不同城市或行业生产力的不同状况、管理效率、市场情况、自动化程度，行业协会限制性规定，地方性特殊规定，或因不同的建筑规范而产生的区域差异。图 4-4 是 R. S. Means 建筑成本指数摘录。

（3）Hanscomb/Means 报告

Hanscomb/Means 报告（HMR）是 Hanscomb 公司和 R. S. Means 公司联合出版的一份通信刊物，提供国际建筑信息。该报告一年八期，其中包括一份季度性的"国际建筑成本指数"。HMR 也反映美国国内情况，对不同建筑类型的成本进行比较，介绍程序性/合同性问题，并对全美国及区域性问题发表观察评论文章。图 4-5 摘录的是最近发布的一份 Hanscomb/Means 指数。

表 2 价格历史变化

	1 季度 1997	3 季度 1997	1 季度 1998	3 季度 1998	1 季度 1999
欧洲					
奥地利	97.4	97.4	100.9	102.1	102.4
比利时	103.0	103.8	105.7	106.5	107.8
丹麦	107.8	111.0	110.3	111.9	115.2
芬兰	112.2	117.8	121.1	126.1	135.6
法国	105.2	105.9	106.8	107.9	108.4
德国	98.8	96.8	101.6	102.3	101.6
英国	107.4	113.7	119.4	121.0	125.3
希腊	116.9	121.6	124.9	129.9	131.7
爱尔兰	119.6	126.7	123.9	125.7	130.1
意大利	105.1	143.2	143.2	110.4	113.2
荷兰	101.1	103.6	103.2	104.3	106.9
挪威	107.8	110.5	111.0	114.4	116.0
波兰	145.3	156.6	187.2	195.0	205.0
葡萄牙	113.5	116.4	119.5	121.9	123.3
俄罗斯	113.8	113.8	117.5	118.6	111.6
西班牙	103.7	104.4	108.1	108.8	111.5
瑞典	104.5	106.1	107.3	108.6	110.5
瑞士	102.2	102.5	105.2	106.2	107.3
土耳其	289.4	387.8	549.8	687.2	945.6
美洲					
巴西	无	无	无	无	无
加拿大	104.7	106.8	108.4	109.2	111.1
墨西哥	177.1	190.4	199.3	209.2	227.2
美国	109.2	110.9	113.8	115.5	117.5
太平洋地区					
澳大利亚	111.9	114.7	124.5	128.2	132.1
日本	95.5	93.5	96.5	96.0	94.8
马来西亚	105.7	112.1	126.9	133.9	123.9
新西兰	107.8	106.2	107.8	106.2	107.2
泰国	105.6	113.6	128.9	138.5	135.3

表 3 税率
(有效至 1999 年 3 月)

增值税，营业税，等	税率
欧洲	
奥地利	15 %
比利时	21 %
丹麦	25 %
芬兰	22 %
法国	20.6 %
德国	16 %
英国	17.5 %
希腊	18 %
爱尔兰	12.5 %
意大利	20 %
荷兰	17.5 %
挪威	23 %
波兰	22 %
葡萄牙	17%
俄罗斯	20 %
西班牙	16 %
瑞典	25%
瑞士	7 %
土耳其	15 %
美洲	
巴西	12%～17%
加拿大	7%
墨西哥	15%
美国	8.75%
太平洋地区	
澳大利亚	5%～30%
日本	5%
马来西亚	5%
新西兰	12.5%
泰国	10%

图 4-5 Hanscomb/Means 指数

(4) 美国商务部

美国商务部发布两种和建筑有关的指数："复合固定加权指数"以及"影响价格的固有因素"。复合固定加权指数是建筑年现金新投入值和1992年可比值的比率。该指数只反映价格方面的变化。"影响价格的固有因素"是一种类似的指数，不仅反映价格变化，还反映市场情况的变化。这两种指数都是每月公布一次，其范围都是全美国性的，不涉及单独的城市。

(5) 垦殖公署

垦殖公署位于科罗拉多州首府丹佛市，每季度出版辖区内34种不同类型的水坝和水利工程的基本成本指数。该公署还出版综合财产指数，可以用于计算建筑的办公和维护成本。但是，这个机构怎样收集数据，依据什么标准处理数据，却没有可供查阅的文字资料。

(6) 工业交互工程会

工业交互工程会位于马萨诸塞州 Norwood，每半年发布一次加权复合成本指数，该指数以八种行业的工资率和七种材料的成本为基础。指数中各要素的权数依据对五类典型工业建筑的投入分析而确定，这些工业建筑类型范围较广，有一层楼的钢结构仓库，也有多层的钢筋混凝土大楼。该指数是从美国164个地区所获数据的平均值。工业交互工程会还计算住宅型建筑和工业加工机械设备的指数。

(7) Handy Whitman

Handy Whitman 指数首次公布于1934年，此后每半年公布一次，是六个地区钢筋混凝土建筑的平均指数。该指数由 Whitman, Requardt 发布，其协会位于马里兰州巴尔的摩，反映参数可用混凝土、木材、钢条、砖块、混凝土块等材料的价格，以及普通工人和六种熟练工种的工资额。该公司还出版水、电、气设施的指数。

(8) Lee Saylor 公司

Lee Saylor 公司每月公布一次的指数以加利福尼亚州萨克拉门托 Wallers 集团收集编辑的信息为基础；该指数分为两

种：一种是劳动力-材料成本指数，其中劳动力和材料的权重分别为54%和46%。和劳动力价格有关的数据引自16个城市的9类工种（木工、砖瓦工、钢筋工、清工、机械操作工、泥瓦工、管道工、电工和卡车驾驶员）。和材料价格有关的数据包含20个城市的23种材料（铝片、砖、混凝土、PVC管等）。根据建筑物类型的不同，还可以把该指数进一步细分——混凝土结构、钢结构、木结构。另一种指数是分包商指数，提供了21种材料的未复合加权的市场价格［隔声板，砖，石膏墙板（GWB），管道等］；该指数是一种纯粹的价格指数。

(9) 美国国防部地区成本因数

美国国防部每年公布一次地区成本因数（ACF）指数，用以在项目评估中调整区域性成本差异。作为一种指导性指数，ACF适用于军事建筑项目的准备和复审，以及民用住宅的成本预算。某城市的地区成本因数反映了它同其他96个对比地区的比较情况（美国大陆每个州选取两个城市）。ACF指数列出了地方建筑成本组合因素，即人工费用、材料费用及设备费用（LME），以及七种其他相关因素如天气、气候、地震、流通、一般管理费用及利润、劳动力供应状况以及劳动生产力状况。ACF指数不作年度性的比较。另外，建筑界也可能对内部自发型指数提出质疑。图4-6是ACF指数的一个实例。

2. 产出价格指数的获取渠道

产出价格指数可从以下渠道获得：

(1) Austin公司

Austin公司的指数每季度在俄亥俄州克利夫兰出版一次，该指数以两个假设的项目为例，提供主要工业领域的价格。一个项目是一栋116760平方英尺的钢结构型工业建筑，另一个项目是一栋8325平方英尺的办公大楼。评估是以包括场地工程、电气、机械、采暖通风与空调及临时工程在内的人工费用和基本材料费用为基础作出的。没有了解到其评估信息和/或竞标的来源。

表 B

地区成本因数索引

2001 年 4 月 10 日

第 1 部分-美国地区

州		地区	ACF 指数
亚拉巴马州			0.85
		莫比尔市	0.84
		蒙哥马利市	0.86
	(A)	安尼斯顿陆军仓库	0.84
	(A)	麦克莱伦堡	0.84
	(A)	拉克堡	0.81
	(AF)	马克斯韦尔空军基地	0.86
	(N)	莫比尔地区	0.84
	(A)	雷德斯通兵工厂	0.86
阿拉斯加州			1.59
		安克雷奇市	1.49
		费尔班克斯市	1.69
	(N)	埃达克海军基地	2.35
	(AF)	克利尔空军基地	1.88
	(AF)	艾尔森空军基地	1.69
	(AF)	埃尔门多夫空军基地	1.49
	(A)	格里利堡	1.88
	(A)	理查森堡	1.49
	(A)	韦恩赖特堡	1.69
	(AF)	谢米亚空军基地	2.42
亚利桑那州			0.98
		弗拉格斯塔夫	0.98
		塔斯肯	0.98
	(AF)	戴维斯-蒙森空军基地	1.01
	(A)	互丘卡堡	1.00
	(AF)	卢克空军基地	0.98
	(A)	纳瓦霍军械库	0.96
	(N)	尤马海军陆战队航空站	1.16
	(A)	尤马武器试验场	1.12
阿肯色州			0.87
		史密斯堡	0.85
		派恩布拉夫	0.89
	(A)	查菲堡	0.84
	(AF)	小石城空军基地	0.83
	(A)	派恩布拉夫军械库	0.89

图 4-6 地区成本因数实例

(2) Fru-Con公司

Fru-Con公司位于密苏里州鲍尔温，其指数每月出版一次，以密苏里州圣路易斯一栋普通工业建筑为例，以承包方近期材料和人工成本为基础确定价格。该指数随建筑材料和建筑方式的变化而进行调整。其中，人工、混凝土、灰泥、黏土制品、木材、塑胶、金属、涂料和玻璃的权重各不相同。对于打算在圣路易斯进行项目建设的人来说，该指数无疑能起到很大的帮助作用。

(3) 特纳建筑公司

特纳建筑公司位于纽约，是美国最大的建筑承包商之一。该公司以反映工资率、材料价格、劳动生产力、管理效率、设备利用率、竞争环境近期情况的实际销售价格为基础，每季度公布一次成本指数。该公司在全美国范围内跟踪这些成本要素的变化情况，因此其公布的指数是被调查范围内所有因素的平均值。该指数可作为全美国性市场的指南，但它不提供区域性或单独城市的数据，不能分开来独立使用。

(4) 史密斯集团

史密斯集团是一家建筑/工程公司，位于密歇根州底特律城，每月出版反映实际现场项目成本的价格指数。该指数包含建筑材料成本、运输费率、熟练及非熟练工工资率、劳动效率及奖金、投标竞争、承包方利润率及一般管理费用等因素，并在参考实行多年的承包商实际价值一览表的基础上对以上因素进行加权。其中，人工费用的权数为60%，材料费用的权数为40%。但是，对于该指数使用的是哪一种建筑类型，是否每年用于招标的都是同一份建筑规划，所获数据依据什么标准进行处理等问题，我们不得而知。

(5) Marshall & Swift公司

Marshall & Swift公司位于加州洛杉矶市，每月公布一次成本指数。该指数是来自美国100个城市相关数据的平均值，并融合了各种区域性、地区性及全美国性指数。该指数可以建筑类型为依据，进一步细分如下：

防火钢筋结构

钢筋混凝土结构

石结构

木结构

预制钢结构

该指数包含材料、工资率、税费、行业因素、建筑基金成本等因素。Marshall & Swift 公司还公布包括主要城市在内的区域性指数。

(6) E. H. Boeckh 公司

E. H. Boeckh 公司现为 Marshall & Swift 公司的子公司，位于威斯康星州密尔沃基市，该公司发布的指数涵盖遍及美国 213 个城市的 11 种建筑类型。该指数包含 115 项要素——19类建筑工种、89 种材料、7 种税费和保险费。Boeckh 公司对工会和 merit shop 的工资率颇有研究，其指数中使用的便是特定区域中普遍的工资额。Boeckh 还将该指数与五种商业及工业建筑类型相结合，推出了一项平均指数。

3. 选用哪一种指数

成本-价格

选用哪一种指数对项目成本进行调整并不是一件容易的事。例如，如果选择了 Means 指数或 ENR 指数，那么在地点改变，市场情况发生相应变化的情况下，必须对项目成本进行进一步的调整。也可以选用价格指数，从理论上讲，这类指数既可反映成本增长(减少)的历史情况，也可反映市场实际增减情况。

下面列出的是几个成本及价格指数在 2000 年 1 月至 2001 年 1 月期间全美国平均值的变化情况：

来源	**2000～2001 年的变化情况**
R. S. Means	+2.8%
ENR CCI：20 座　城市成本指数	+2.4%
ENR BCI：20 座　城市成本指数	+1.1%
商务部：固定，加权	+4.1%
BuRec：普通建筑	+0.4%

Handy-Whitman：普通建筑	+1.6%
Lee Saylor 公司：材料/人工	+3.6%
平均值	**+2.3%**

公开出版的建筑价格指数

来源	**2000～2001 年的变化情况**
商务部：价格的影响因素	+ 3.8%
Turner：普通建筑	+ 4.1%
Austin 公司（工业）	+ 4.3%
Lee Saylor 公司；分包商	+ 8.4%
史密斯集团：普通	+ 3.0%
平均值	+ **4.7%**

以上数据存在差异，这表明根据时间和地点的变化选用合适的指数进行调整是一件困难的事。R. S. Means 指数可能是最为全面的，包含了很多不同区域。但是，如前文所述，Means 指数只涉及成本，而成本指数只反映材料、人工及设备费用的变化，不反映市场供求关系的变化。另外，Means 公布的城市成本指数只提供全美国平均值，尽管也可用于跟踪某个特定城市的价格变化，但主要还是用来进行城市间对比。ENR 也公布特定城市的指数，但只涉及成本，不涉及价格。各类指数之间的差别是显而易见的。举个例子，2000 年 1 月至 2001 年 1 月期间，ENR 芝加哥市的指数增长了 3.8%，而 R. S. Means 指数只增长了 2.48%。

由于价格指数既能反映市场情况的变化又能反映建筑整体成本的变化，因此利用这类指数，能进行更为精确的比较。但是，由于价格指数可以预见的精确性，在分析中就可能反复使用同一个项目或非常近似的项目。否则，工程在设计、规模、业主及建筑类型方面的差异会影响结论的正确性。显然，使用成本指数需要仔细判断，以保证结论的正确性。

（1）成本指数应用：实例

成本指数的使用方法多种多样。例如，成本的统计依据有很多种：

- 同一城市不同年份
- 不同城市同一年份
- 不同城市不同年份
- 给出特定城市的数据，求全美国平均值

基本公式如下：

$$修订成本=\frac{(基数成本)\times(修订指数)}{基准指数}$$

让我们以密苏里州圣路易斯一所小学建设工程的投标为例，1999 年 7 月，每平方英尺的成本价是 102.20 美元。那么，2001 年在伊利诺伊州芝加哥市相同项目的报价又是多少呢？

成本指数：	圣路易斯	1999 年 7 月	106.3
	芝加哥	2001 年 10 月	130.8

计算式：$\frac{\$102.20\times130.8}{106.3}=\$125.75$

有些成本指数，如 Means 历史建筑成本指数，也可用来进行成本预测。这种成本预测的方法是：将超过往年的年成本变化拉平，再使用该平均数计算以后的成本。这个方法称为线性回归，如下所示：

五年记录：

1996(年)	100.2
1997	103.1
1998	105.4
1999	108.0
2000	110.7

五年内年平均增长率为 2.5%。

(2) 定值成本指数

最近，联邦政府打算调查通货膨胀/价格浮动期间的成本增长情况，以及在报价和投标过程中排除通货膨胀因素的方法。这项调查对长期工程，特别是三年以上的工程具有重要意义。

在华盛顿特区的一项改建工程中，发明了一种根据合同期间经济变化调整协议合同价格的方法。该方法使用了一种指数，这种指数以包括各种材料和建筑人工费等因素在内的市场指数总览为基础，通过反映这些因素的价格变化来反映建筑整体价格的变化。各种价格处于随时的监控之中，以便以前期指数百分比的变化为基础，对今后同期合同价格进行调整。这种为价格变化标定指数的方法可以在某种程度上转移报价风险，从而增强报价的竞争力。

三、参考公布的成本信息

一个机构无论多么有经验，也需要参考公开的标准化的成本信息。有很多获取成本信息的渠道。

表 4-1 列出了 2001 年可供查询的公开成本信息渠道，并附带网址和主要电话号码。目前尚无关于该数据质量和可靠性的任何评论。详细信息可从成本工程发展协会(AACE)的网站上找到(www. aace. org)。

公开成本信息 **表 4-1**

公司名称	联系方式
R. S. Means 有限公司	http：//www. rsmeans. com 1-800-334-3509
Richardson 工程服务有限公司	http：//www. resi. net/IndexBody. htm 480-497-2062
Craftsman Book 有限公司	http：//www. craftsmanbook. com 1-800-829-8123
Saylor Publications，有限公司	http：//www. saylor. com 1-800-624-3352
Bni 建筑新闻	http：//www. bni-books. com 1-888-264-7483
Marshall & Swift	http：//www. marshallswift. com/index. asp 1-800-451-2367
Frank R. Walker 公司	http：//www. frankrwalker. com 1-800-458-3737

四、制定并保持成本数据文件

对历史成本信息进行有效利用是业界多年的目标。在20世纪70年代早期，美国建筑师学会(AIA)和美国公共事务部(GSA)共同开始研发MASTERCOST系统。开发此系统的目的是全面收集项目信息并进行分类，以便建筑师和其他设计师从中选取有用信息，用于制定预算，并与其他项目进行基准比对。由于种种原因，这项庞大的研发计划没有达到实际应用阶段。运用在当时功能尚有限的计算机收集和正确解读信息也成了让人望而生畏的难事。同期发生的经济衰退让该项目的资金筹措更为困难。MASTERCOST系统的研发最终被放弃了。

但是，MASTERCOST系统的原理却保留至今，业界对信息的需求也一直存在。一些出版商，如R. S. Means公司，也在项目历史记录以及可用模型系统方面为建筑业界提供着有用的成本信息。但这并不能替代一个机构为自己的项目建立、整理并保持信息资料。像建筑业这样大的一个产业，相关信息如此缺乏，的确让人非常担忧。如果我们搞不清已经完成的项目和其他设施的成本究竟有多少，那么我们在预测建筑与设备成本方面如此地困难重重也就不足为怪了。

通过努力，收集项目信息并将其整理成可用的形式并不是很难，难的是没有时间。实践中，设计方和业主总要等到设计过程即将结束才能得到项目成本信息。没有人喜欢使用估算出来的成本信息，大家都更愿意获得基于真实合同的成本信息。我们有可能收集并利用真实合同成本信息吗？如果有，又该怎样做呢？

谈到第一个需要克服的难点，不得不重新提出我们在第2、3章中已经讨论过的问题：信息的格式。长期按MasterFormat 16个分类结构使用成本信息是行不通的。因为，在使用不同材料和方法的相似项目间进行比较虽然不是不可能，但却相当困难。

任何历史成本信息系统都必须基于一种基本格式来组织，如 UNIFORMAT 组。不幸的是，大多数以价格一览表和分项列出形式出现的历史成本信息都是 16 个分类结构。该怎么办?

制定并使用电子数据表相对来说比较容易，利用电子数据表可将基于 MasterFormat 的信息转化为 UNIFORMAT 结构，前提则是已将 MasterFormat 结构作了进一步细分。格式可被分为 16 个区域，每一个区域又可根据 UNIFORMAT 分项再行细分。这样，承包商就可以把成本数据输入适宜的格式中，并同时完成 UNIFORMAT 成本。

使用这种方法，就可以从价格一览中抽取相关信息，并利用 UNIFORMAT 创建项目历史数据。图 4-7 是使用这套方法所得的结果。图 4-8 和图 4-9 则介绍了 MasterFormat 和 UNIFORMAT 在制作图 4-7 时所起的作用。请注意图4-7是建筑成本-模式类型的格式，除了成本数据和 UNIFORMAT 以外，还给出了每种主要体系其他参数测定的细目分类。

这些度量标准提供了另一种解读设备成本信息的方法。例如，每单位建筑总面积的外墙成本约为每平方英尺 7 美元，但外墙面积为 31000 平方英尺，每平方英尺墙面的成本约为 17 美元。又比如，采暖通风与空调的单位面积成本约为 13.50 美元，比空调(200t)的单位安装吨数成本 5000 美元略高。这些度量标准是很有用的检查和预算工具。测量、收集这类信息极为重要。

可比较的成本历史记录可从一些公开出版物上获得，包括 R. S. Means，见图 3-20。

五、进行计算机辅助估价

在个人计算机安装过程中，可以选择的计算机辅助估价软件很多。但由于个人爱好及使用方法的不同，很难说哪一种软件是最好的。例如，负责安装的分包商和总包商或设计方的兴趣和需求就不会一样。需要指出的是，这类软件大部分都是为承包商设计的，对设计方、成本顾问或业主不太适用。

建筑成本一览								
项目说明：**小学，弗吉尼亚州-例 1**					投标日期：		11/1996	
项目类型：**学校**					工期(月)：		14	
总建筑面积：(GSF)	77200				市场情况：		好	
系统/分部说明	UNIFORMAT 参考	总成本	单位面积成本	占建筑百分比%	分项分析 计量对象	单位	数值	成本/单位
建筑		b	b/总面积	b/27			*c*	*b/c*
1 地基	(A10)	506192	6.56	9.3%	建筑占地面积	平方英尺	77200	6.56
2 标准地基	(A1010)	302142	3.91	5.6%	建筑占地面积	平方英尺	77200	3.91
3 其他地基	(A1020)	—	—	0.0%	建筑占地面积	平方英尺	77200	—
4 地基底板	(A1030)	204050	2.64	3.8%	建筑占地面积	平方英尺	77200	2.64
5 基础	(A20)	—	—	0.0%	建筑占地面积	平方英尺	77200	—
6 基础小计	(A)	506192	6.56	9.3%	建筑占地面积	平方英尺	77200	6.56
7 上部结构	(B10)	400900	5.19	7.4%	总建筑面积	平方英尺	77200	5.19
8 外围结构	(B20)	537917	6.97	9.9%	外围面积	平方英尺	31000	17.35
9 屋面工程	(B30)	273275	3.54	5.0%	屋面表面积	平方英尺	80000	3.42
10 框架小计	(B)	1212092	15.70	22.3%	总建筑面积	平方英尺	77200	15.70
11 室内	(C10)	560523	7.26	10.3%	总建筑面积	平方英尺	77200	7.26
12 楼梯	(C20)	—	—	0.0%	总建筑面积	平方英尺	77200	—
13 室内装修	(C30)	394833	5.11	7.3%	总建筑面积	平方英尺	77200	5.11
14 室内工程小计	(C)	955356	12.38	17.6%	总建筑面积	平方英尺	77200	12.38
15 传送系统	(D10)	7288	0.09	0.1%	总台数	每 项	1	7288
16 卫生管道	(D20)	447800	5.80	8.2%	总数	每 项	150	2985
17 采暖与通风空调	(D30)	1049400	13.59	19.3%	吨(或热量单位/小时)	每 项	200	5247
18 消防	(D40)	151800	1.97	2.8%	消防区	平方英尺	77200	1.97
19 电气	(D50)	859866	11.14	15.8%	总建筑面积	平方英尺	77200	11.14
20 电气设施 & 配电系统	(D5010)	182120	2.36	3.4%	接入千瓦数	千 瓦	650	280
21 照明 & 布线	(D5020)	286132	3.71	5.3%	总建筑面积	平方英尺	77200	3.71
22 通信 & 安全	(D5030)	205778	2.67	3.8%	总建筑面积	平方英尺	77200	2.67
23 其他电气系统	(D5040)	185836	2.41	3.4%	总建筑面积	平方英尺	77200	2.41
24 室内设施小计	(D)	2516154	32.59	46.3%	总建筑面积	平方英尺	77200	32.59
25 设备及陈设小计	(E)	211210	2.74	3.9%	总建筑面积	平方英尺	77200	2.74
26 特殊工程 & 拆除小计	(F)	28500	0.37	0.5%	总建筑面积	平方英尺	77200	0.37
27 **建筑总计**		$5429504	$70.33	100.0%	居住单位	每 项	750	$7239
28 **场地工程 & 市政设施**		—						
29 场地准备	(G10)	467598	6.06	8.6%	总场地面积	平方英尺	600000	0.78
30 场地改善	(G20)	85122	1.10	1.6%	总场地面积	平方英尺	600000	0.14
31 场地机械设施	(G30)	301500	3.91	5.6%	总场地面积	平方英尺	600000	0.50
32 场地电气设施	(G40)	—	—	0.0%	总场地面积	平方英尺	600000	—
33 其他场地临建	(G50)	—	—	0.0%	总场地面积	平方英尺	600000	—
34 **场地工程 & 市政设施总计**	(G)	854220	11.07	15.7%	总场地面积	平方英尺	600000	1.42
35 常规费用、管理费以及利润@	5.1%	322647	4.18	5.9%				
36 **当前总体成本**		$6606371	$85.57	121.7%	居住单位	每 项	750	$8808
37 不可预见费用	@	—	—	0.0%				
38 价格浮动	@	—	—	0.0%				
39								
40 **预计总体成本**		$6606371	$85.57	121.7%	居住单位	每 项	750	$8808

参数		单位	数值	区域分析	区域(平方英尺)
1	总建筑面积	平方英尺	77200		
2	占地面积	平方英尺	77200	基础	—
3	总外围面积	平方英尺	31000	地板	77200
4	门窗率	%	12%	楼板	
5	屋面表面积	平方英尺	80000	阁楼	
6	传送设施总台数	台	1	其他区域	—
7	吨(或热量单位/小时)	t	200		
8	卫生管道总数	每项	150	总房屋面积	77200
9	消防区域面积	平方英尺	77200		
10	接入千瓦数	kW	650		
11	居住单位	每项	750		
12	平均层高	英尺	12		
13	总场地面积	平方英尺	600000		
14	总建筑面积/居住单位	平方英尺/每项	103		

图 4-7　为历史信息汇总项目成本数据

项目 业主		
表项说明	UNIFORMAT 参考	数量
1 总体需求		
a. 启动 & 初始费用	（总计）	(44629)
b. 现场管理费 & 开支	（总计）	367276
		322647
2 场地工程		
a. 地基勘探 & 清理	(G10)	54128
b. 现场 & 房屋拆迁	(G10)	
c. 房屋单项拆迁	(F20)	
d. 平整 & 土方工程｛场地｝	(G10)	413470
e. 开挖 & 回填(地基)	(A1010)	
f. 开挖 & 回填(基础)	(A2010)	
g. 底板回填	(A1030)	
h. 岩石开挖	(A1020)	
i. 桩基		
j. 支柱		
k. 基础加强		
l. 场地排水		
m. 基础		
n. 土体降水		
o.		
p. 场外工程		
q. 路轨		
3 混凝土工程		
a. 混凝土框架		
b. 混凝土框架		
c. 混凝土框架		
d. 混凝土框架		
e. 混凝土框架		
f. 混凝土框架		
g. Concrete fin		
h. Concrete fin		
i. Concrete sta		
j. Concrete fin		
k. Precast conc		
l. Precast conc		
m. Precast conc		
n. Cemetitious decks	(B10)	
4 砖石工程		**409659**
a. 砖石基础	(A1010)	96533
b. 砖石基础墙	(A2020)	
c. 砖石外墙	(B2010)	664462
d. 砖石室内隔断	(C1010)	14500
e. 室内路面 & 装饰	(C30)	
f. 室外路面 & 砖石工程（场地工程）	(G20)	
775.495		775495
5 金属工程		
a. 基础钢结构(A1020)		
b. 钢结构框架	(B10)	363300
c. 钢梁 & 板	(B10)	
d. 钢制楼梯	(C20)	
e. 杂项 & 装饰用钢（房屋）	(C1030)	
f. 杂项 & 装饰用钢（场地工程）	(G1030)	
		363300

建筑师 承包商		
表项说明	UNIFORMAT 参考	数量
6 木材 & 塑料		
a. 粗木工（框架 & 平台）	(B10)	37600
b. 粗木工（内墙）	(B2010)	
c. 粗木工（隔断）	(C1010)	
d. 粗木工(除框架 & 平台以外的线脚)	(B30)	
e. 大型木料 & 预制木结构	(B10)	
f. 外木侧板 & 打磨	(B2010)	
g. 精木工，磨光工作 & 细木工	(C1030)	59200
h. 木镶板	(C30)	
i. 木楼梯	(C20)	
j. 塑料装配	(C1030)	
		96800
7 保温 & 防潮		
9 装饰		
a. 板条 & 灰泥(外)		
b. 板条 & 灰泥(内)	(C30)	
c. 石膏墙板隔断	(C1010)	17889
d. 石膏装饰墙板	(C3010)	39500
e. 瓷砖 & 水磨石	(C30)	84167
f. 吸声顶棚 & 吸声处理	(C3030)	73250
g. 木地板	(C3020)	
h. 弹性地板	(C3020)	72856
i. 地毯	(C3020)	125060
j. 外墙罩面	(B2010)	
k. 室内特殊地板 & 罩面	(C3020)	
l. 室内喷涂 & 墙体罩面	(C3010)	
		412722

项目编号 日期		
表项说明	UNIFORMAT 参考	数量
10 特殊工程		
a. 黑板 & 布告板	(C1030)	30549
b. 隔室 & 隔间	(C101Q)	8660
c. 指示 & 超大广告	(C1030)	12100
d. 隔断	(C1010)	
e. 橱柜	(E20)	650
f. 厕所，浴室，衣柜内用附件	(C1030)	14700
g. 日光控制设施	(B2010)	
h. 拼装地板	&(C3020)	
i. 其他特殊工程	(C1030)	496
j. 旗杆	(G20)	2297
		69452
11 设备（指定）	(E10)	205240
		5320
		28500
		7288
		7288
		26300
		51800
		04866
		92432
		67602
		13.300
		21500
		71200
		1649000
16 电气		
a. 市政 & 服务	(G40)	
b. 变电所 & 变压器	(D5010)	
c. 配电盒 &，配电盘	(D5010)	182120
d. 照明设备	(D5020)	202020
e. 分支线路 & 装置	(D5020)	84112
f. 特殊电气系统	(D5040)	185836
g. 通信	(D5030)	205778
h. 电采暖	(D5040)	
		859866
总计 $		6606371

9 装饰		
a. 板条&灰泥(外)	(B2010)	
b. 板条&灰泥(内)	(C30)	
c. 石膏墙板隔断	(C1010)	17889
d. 石膏装饰墙板	(C3010)	39500
e. 瓷砖&水磨石	(C30)	84167
f. 吸声顶棚&吸声处理	(C3030)	73250
g. 木地板	(C3020)	
h. 弹性地板	(C3020)	72856
i. 地毯	(C3020)	125060
j. 外墙罩面	(B2010)	
k. 室内特殊地板&罩面	(C3020)	
l. 室内喷涂&墙体罩面	(C3010)	
		412722

		1649000
16 电气		
a. 市政&服务	(G40)	
b. 变电所&变压器	(G5010)	
c. 配电盒&配电盘	(G5010)	182120
d. 照明设备	(G5020)	202020
e. 分支线路&装置	(G5020)	84112
f. 特殊电气系统	(G5040)	185836
g. 通信	(G5030)	205778
h. 电采暖	(G5040)	
		859866
总计 $		6606371

图 4-8 MasterFormat 价格表填制实例

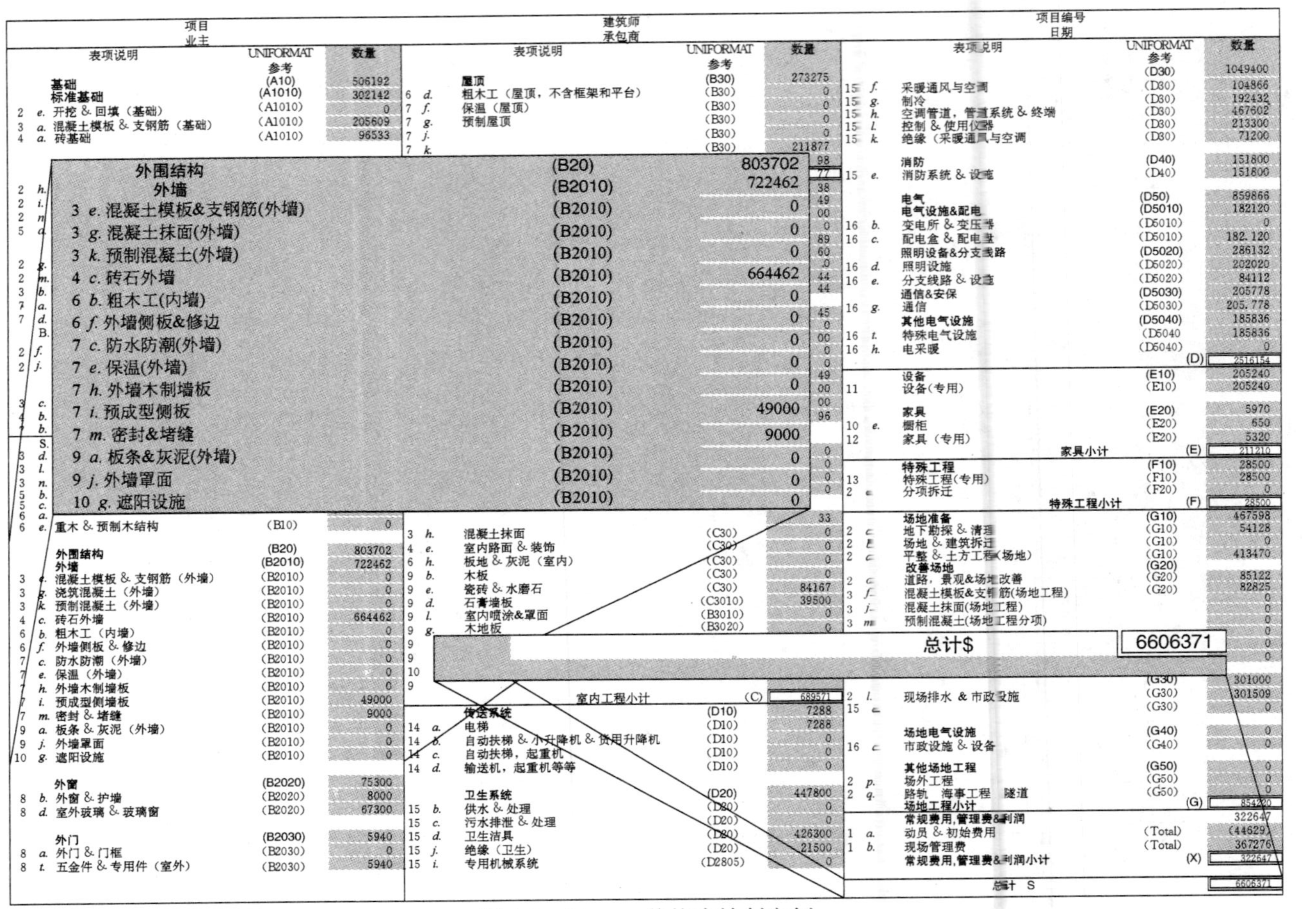

项目 业主	建筑师 承包商	项目编号 日期

表项说明	UNIFORMAT 参考	数量
基础	(A10)	506192
标准基础	(A1010)	302142
2 e. 开挖 & 回填（基础）	(A1010)	0
3 a. 混凝土模板 & 支钢筋（基础）	(A1010)	205609
4 a. 砖基础	(A1010)	96533
6 e. 重木 & 预制木结构	(B10)	0
外围结构	(B20)	803702
外墙	(B2010)	722462
3 e. 混凝土模板 & 支钢筋（外墙）	(B2010)	0
3 g. 浇筑混凝土（外墙）	(B2010)	0
3 k. 预制混凝土（外墙）	(B2010)	0
4 c. 砖石外墙	(B2010)	664462
6 b. 粗木工（内墙）	(B2010)	0
6 f. 外墙侧板 & 修边	(B2010)	0
7 c. 防水防潮（外墙）	(B2010)	0
7 e. 保温（外墙）	(B2010)	0
7 h. 外墙木制墙板	(B2010)	0
7 i. 预成型侧墙板	(B2010)	49000
7 m. 密封 & 堵缝	(B2010)	9000
9 a. 板条 & 灰泥（外墙）	(B2010)	0
9 j. 外墙罩面	(B2010)	0
10 g. 遮阳设施	(B2010)	0
外窗	(B2020)	75300
8 b. 外窗 & 护墙	(B2020)	8000
8 d. 室外玻璃 & 玻璃窗	(B2020)	67300
外门	(B2030)	5940
8 a. 外门 & 门框	(B2030)	0
8 t. 五金件 & 专用件（室外）	(B2030)	5940

表项说明	UNIFORMAT 参考	数量
屋顶	(B30)	273275
6 d. 粗木工（屋顶，不含框架和平台）	(B30)	0
7 f. 保温（屋顶）	(B30)	0
7 g. 预制屋顶	(B30)	0
7 j.	(B30)	0
7 k.	(B30)	211877
3 h. 混凝土抹面	(C30)	0
4 e. 室内路面 & 装饰	(C30)	0
6 h. 板地 & 灰泥（室内）	(C30)	0
9 b. 木板	(C30)	0
9 e. 瓷砖 & 水磨石	(C30)	84167
9 d. 石膏墙板	(C3010)	39500
9 l. 室内喷涂&罩面	(B3010)	0
9 g. 木地板	(B3020)	0
室内工程小计	(C)	689571
传送系统	(D10)	7288
14 a. 电梯	(D10)	7288
14 b. 自动扶梯 & 小升降机 & 货用升降机	(D10)	0
14 c. 自动扶梯，起重机	(D10)	0
14 d. 输送机，起重机等等	(D10)	0
卫生系统	(D20)	447800
15 b. 供水 & 处理	(D20)	0
15 c. 污水排泄 & 处理	(D20)	0
15 d. 卫生洁具	(D20)	426300
15 j. 绝缘（卫生）	(D20)	21500
15 i. 专用机械系统	(D2805)	0

表项说明	UNIFORMAT 参考	数量
	(D30)	1049400
15 f. 采暖通风与空调	(D30)	104866
15 g. 制冷	(D30)	192432
15 h. 空调管道，管道系统 & 终端	(D30)	467602
15 l. 控制 & 使用仪器	(D30)	213300
15 k. 绝缘（采暖通风与空调）	(D30)	71200
消防	(D40)	151800
15 e. 消防系统 & 设施	(D40)	151800
电气	(D50)	859866
电气设施&配电	(D5010)	182120
16 b. 变电所 & 变压器	(D5010)	0
16 c. 配电盒 & 配电盘	(D5010)	182.120
照明设备&分支线路	(D5020)	286132
16 d. 照明设施	(D5020)	202020
16 e. 分支线路 & 设备	(D5020)	84112
通信&安保	(D5030)	205778
16 g. 通信	(D5030)	205.778
其他电气设施	(D5040)	185836
16 t. 特殊电气设施	(D5040)	185836
16 h. 电采暖	(D5040)	0
	(D)	2516154
设备	(E10)	205240
11 设备（专用）	(E10)	205240
家具	(E20)	5970
10 e. 橱柜	(E20)	650
12 家具（专用）	(E20)	5320
家具小计	(E)	211210
特殊工程	(F10)	28500
13 特殊工程（专用）	(F10)	28500
2 e 分项拆迁	(F20)	0
特殊工程小计	(F)	28500
场地准备	(G10)	467598
2 c 地下勘探 & 清理	(G10)	54128
2 E 场地 & 建筑拆迁	(G10)	0
2 c 平整 & 土方工程（场地）	(G10)	413470
改善场地	(G20)	
2 c 道路，景观&场地改善	(G20)	85122
3 f 混凝土模板&支钢筋(场地工程)	(G20)	82825
3 j 混凝土抹面(场地工程)		0
3 m 预制混凝土(场地工程分项)		0
	(G30)	301000
2 l. 现场排水 & 市政设施	(G30)	301509
15 c	(G30)	0
场地电气设施	(G40)	0
16 c 市政设施 & 设备	(G40)	0
其他场地工程	(G50)	0
2 p. 场外工程	(G50)	0
2 q. 路轨 海事工程 隧道	(G50)	0
场地工程小计	(G)	854220
常规费用,管理费&利润		322647
1 a. 动员 & 初始费用	(Total)	(44629)
1 b. 现场管理费	(Total)	367276
常规费用,管理费&利润小计	(X)	322647
总计 S		6606371

总计$ 6606371

图 4-9　Format 价格表填制实例

多数用户对计算机辅助性成本估价软件的使用是循序渐进的，典型的进阶顺序如下：

- 简单字处理程序以及计算程序
- 电子数据表查询
- 估价组织与分析程序
- 数据库
- 数字化仪程序
- 计算机辅助设计(CAD)综合系统

电子数据表和字符处理器提供了多种制表和评估方法，但在计算和其他方面的出错率却比较高。而那些专用于成本估价的软件，虽然在定义估价的方法和格式上能力一般较差，但在计算和其他方面却不易出错。

全面应用 CAD 综合系统，目前还很难达到。这需要设计方使用以目标为导向的 CAD。以目标为导向的 CAD 能为设计方带来长远利益，但在准备施工文件时时间却相当长。

一些大的设计公司、业主和承包商在很多情况下也花费巨资自行开发软件程序包。如果一个机构有能力自行开发软件，从中获得的益处毋庸置疑会很多。但通常的情况是，自行开发软件所需的费用要大大超出人们的想像。因此，进行此类开发一定要三思而后行。

估价软件商

很多软件商都出版了估价软件；要和他们取得联系，读者可以拨打以下电话：

建筑系统设计（BSD）	1-800-875-0047
G2 公司	1-800-657-6312
计算机管理控制（MC2）	1-800-225-5622
Timberline 软件公司	1-800-628-6583
美国 COST 公司	1-800-955-1385
Winestimator 公司	1-800-950-2374
Design 4/Cost，DC&D 技术公司	1-800-685-9555
Talisman Partners PACES 系统	1-303-771-3103

也可以登陆 AACE 网站查找详细信息(www. aace. org)。

R. S. Means 公司还提供一种非常有用的服务，称为 DemoSource，用户可在线查阅，网址为 www. rsmeans. com/demo。

六、小结

本章论述了获取有效信息的重要性，介绍了获取及利用成本数据的方法，列出了公开的成本信息源，并介绍了组织收集历史成本信息的特殊技巧。

第 1 章至第 4 章介绍了基本背景、概念，以及构成成本管理过程的方法论。从本质上讲，所介绍的这些内容都是单一的工具。在接下来的章节中，我们将介绍一种系统的方法，将这些单独的工具有机结合起来，使用到整个成本管理过程中。我们会谈到工程早期计划和概念性/示意性发展阶段的特别注意事项，也会论及整个设计和施工过程，还会重点介绍发包方式的影响以及将成本管理融入整个项目实施过程等内容。

第5章 成本管理方法论

成本估价、价值工程学和寿命周期成本计算法是有用的成本管理工具，也是众多信息的来源，及分析所获信息的方法。成本管理是一个在项目整体管理框架内运用所有这些工具的过程。这一过程是有组织、有重点的，意在处理项目中遇到的各种问题，对各种决定的相互关系保持关注和了解。成本管理的目标是在项目全过程中调整并保持、使用者/业主需求和预算之间的平衡。本章旨在论述怎样达到这一目标，其主要内容如下：

- 将成本管理融合到项目过程中
- 进行预算和成本计划编制
- 在设计过程中进行成本控制
- 实施阶段性建筑成本管理
- 了解发包方式对成本管理的影响

本章还介绍怎样有效使用这些工具，使之作为整个项目成本管理的一环，以保证满足业主需求，进行更为有效的成本管理。

一、将成本管理融合到项目过程中

进行有效成本管理的基本原则之一是将成本管理结合到整个设计和实施过程中。如果成本管理被看作一项设计和施工计划完成以后才进行的工作，那成本管理就只是一种“反应性管理”，实践证明，这种管理在项目计划过程中并不能发挥很好的作用。因此，实施有效成本管理的第一步就是将成本管理结合到整个项目过程中。图 5-1(a)～5-1(c)显示了怎样将成本管理分别纳入项目计划和规划过程，概念确定和示意性设计过程，以及设计和准备施工文件的过程。这些过程应当遵循以下主要原则：

1. 编制可行的预算

- 编制预算，并通过预算协调与建造内容、需求的关系，这是第一步也可能是最重要的一步。
- 预算必须进一步分专业进行，以求能控制总设计中的所有决定。
- 每个专业应当有其独立的子预算，以及各自的主要参数和影响子预算的主要因素。管理过程的重点就是这些主要参数和影响因素，以及这专业的预算本身。

2. 在作出决定的同时听取意见并进行成本管理投入

- 作出一项决定的同时，必须审查其对成本造成的潜在影响。
- 在作决定同时审查其对成本的影响需要同时提供成本管理方面的投入；这项工作必须放到设计过程中来做。

3. 精确设定重要阶段性评估

- 在设计的每个主要阶段结束时都应当进行评估，评估结果可能需要在几方当事人之间进行商议和协调。
- 根据最后商定的评估结果，应当对每一层级的预算进行再分配和再评定，不断更新成本计划。
- 设计下一阶段开始时，其实施程序应当更为详细。
- 历史成本信息分析和比对可佐证评估的可信性和公正性。

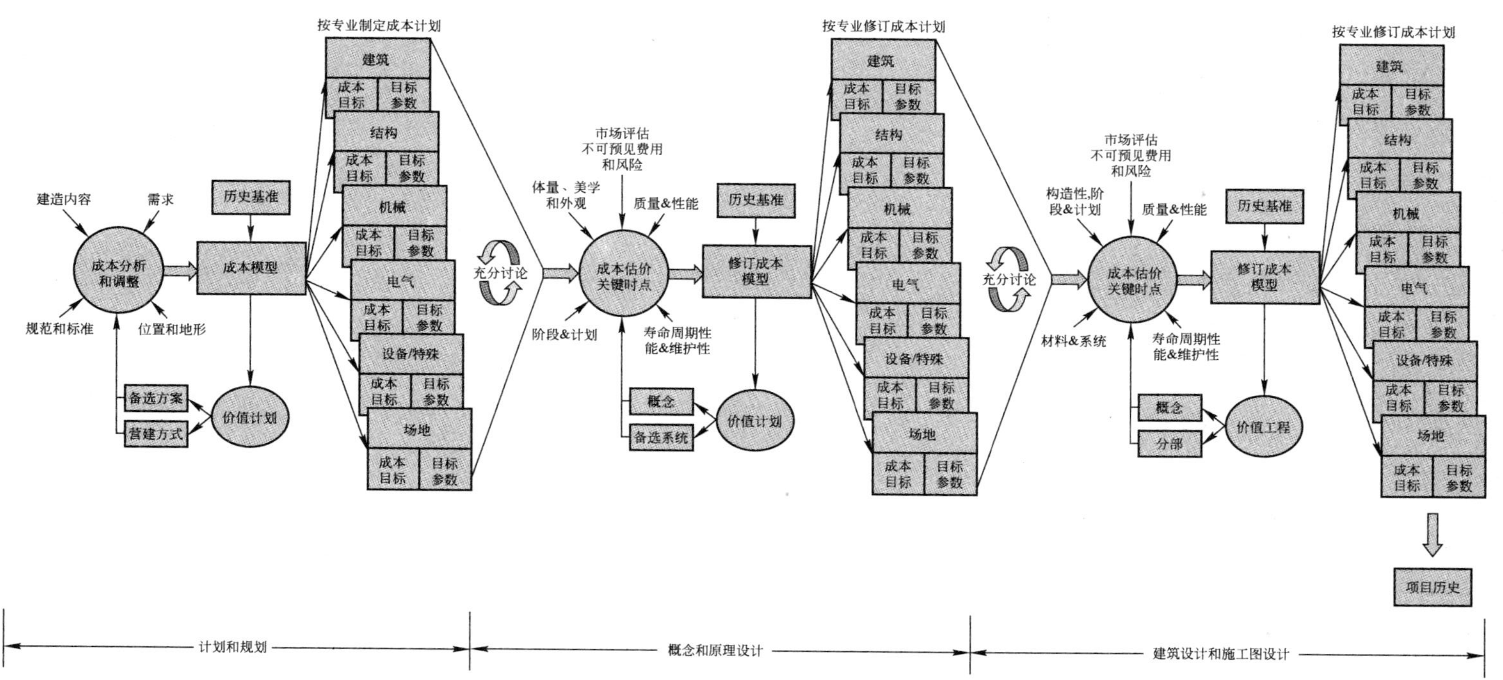

图 5-1　成本管理综合方法

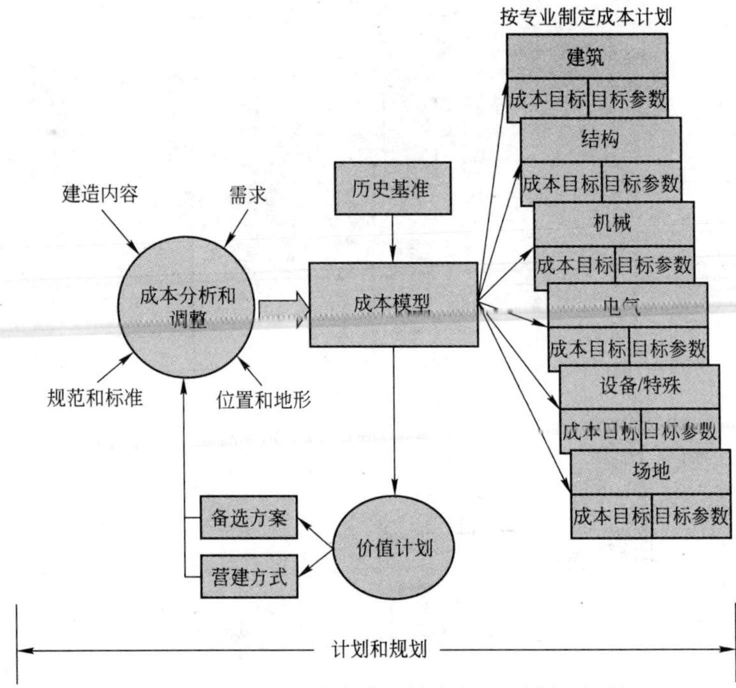

图 5-1(a)　成本管理综合方法(计划和规划)

4. 运用价值工程学进行成本管理

- 价值工程一方面可作为优化工具，另一方面也可用于维持竞标设计内容的一致性。
- 价值工程学是保证各相关设计因素间协调一致的最佳工具。完备的、以团队为基础的价值工程学是在不以牺牲关键设计点为代价的前提下，保证协调、反映变化和进行调整的必备工具。
- 随着设计过程的深入，建筑工程学的关注范围应当相应缩小，从概念性的问题逐渐转移到具体问题、材料问题和系统问题上来。

5. 保持对寿命周期成本及可承受力的敏感性

- 业界专家应当对设备设计中的寿命周期性能问题投入更多关注。

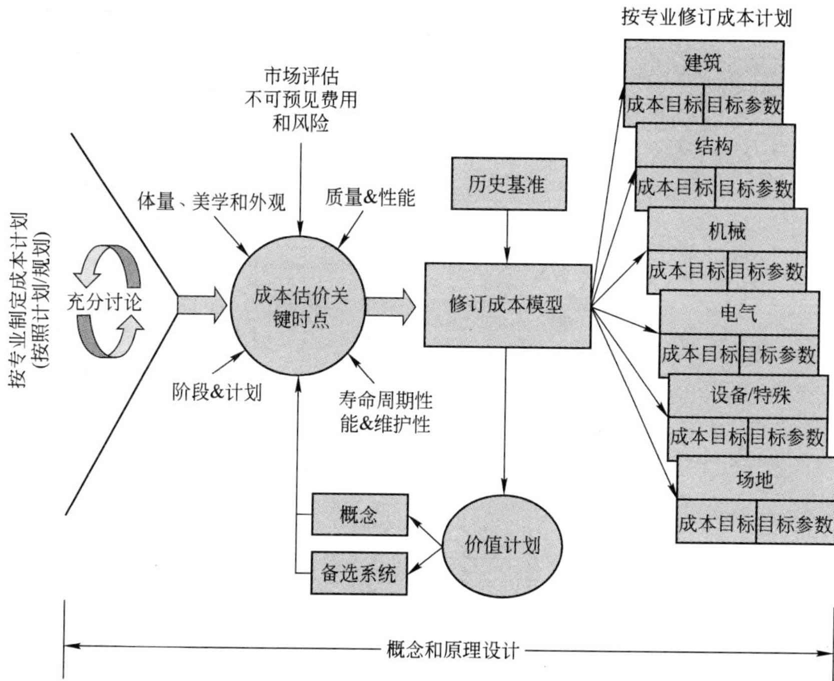

图 5-1(*b*)　成本管理综合方法(概念和原理设计)

- 在处理能效、可承受度和可靠性等问题时，需要结合适当的经济学知识，有条理地采用一套方法。
- 寿命周期成本计算法是公认的正确比较设计过程中各种方案优劣的方法。因此，该方法应当作为一项重要组成部分被纳入现行成本管理。

6. 做好风险及或有费用计划

- 风险防范计划是整个成本管理的基本要素，应当在成本管理过程早期提出，并在成本管理全过程中得到有效控制。
- 风险管理是一种有用的工具，通过它可以了解怎样确定或有费用，并将注意力集中到重要的设计阶段上来。
- 随着设计过程的深入，风险和或有费用会逐渐缩小，但也可能会伴随设计过程始终。

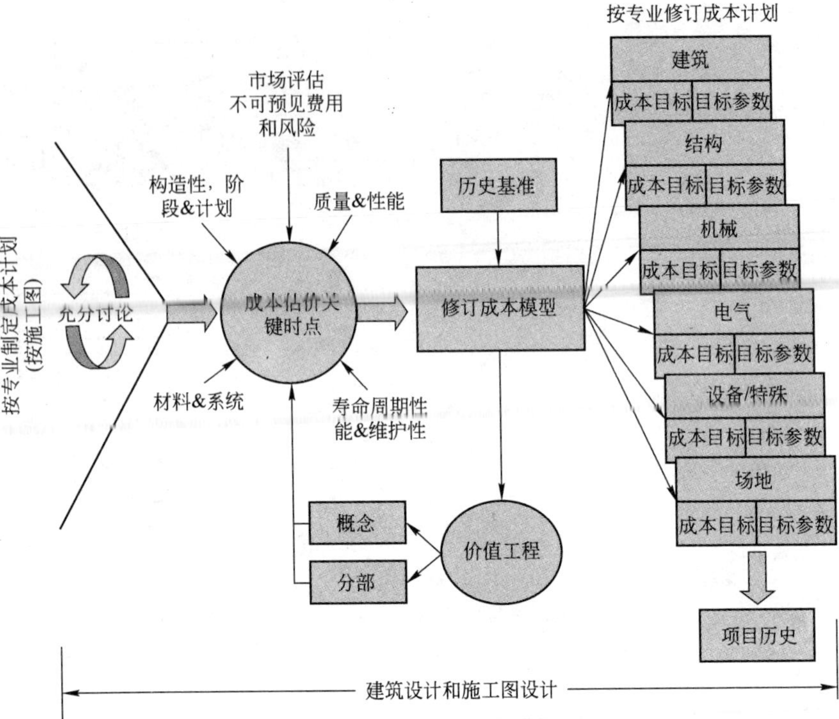

图 5-1(*c*)　成本管理综合方法(建筑设计和施工图设计)

7. 关注影响成本的因素

- 关注影响成本的主要因素，首先要识别出每一层级单独的成本目标，以及每一层级主要的参数目标。
- 其次，还需要保持过程的持续平衡，认识到要想达到整体成本目标，需要在不同层级间进行协调和平衡。
- 细节很重要，但主要的注意力应当放在大的问题上。

二、计划、规划和预算

编制预算和成本计划是在计划和规划阶段进行成本管理的第一步［见图 5-1(*a*)］。编制有效的预算非常重要；如果预算有缺陷，那么要想在设计阶段弥补这些缺陷，很可能要付出巨大的代价。从长远的角度讲，花费一定的时间和精力去编制一份具有可操作性的预算，必将在整个项目过程中获得丰厚回报。

一份好的预算具备什么特点？答案有四点：

- 预算是整个项目过程中最为重要的数字。预算为所有和项目有关的活动设定了框架，应当被所有项目参与人和为满足一定经济目的而接收项目的人所牢记。
- 预算可以有很多用途。通常情况下，没有预算便无法启动项目。很多时候，一些主要的宏观经济因素会被纳入预算考虑中；投资回报(ROI)也是预算过程中的主要考虑因素。
- 预算中包含有充分的定义和解释，以及在整个项目过程中用以进行比较和分析的文件。如果在预算中没有对相关概念进行充分定义，会导致理解混乱，还可能就预算曾有和现有的基础究竟为何产生争论。因此，准确清楚地定义所有重要的预算事项并形成文件非常重要。
- 相反，一份不健全的预算，其特点就是缺少文件，在很多情况下，还表现为对财务问题表现得过于乐观。其原因可能表现为选择了不能反映实际设施规划要求的设施预算基准，或者预算要求没有反映出需求的变化。换句话说，不好的预算几乎总是偏离正确方向的。

编制一项预算需要多长时间视具体情况而定。私人领域和公共领域不同，同一领域内部也有差异。影响公共领域预算的因素大多和财政拨款有关，而较少涉及项目需求。联邦政府使用各种不同的预算文件，其中多数用于国会审查和监督。图5-2介绍了美国国防部通用的预算方式，但这只是可供参考的1391号文件的很少部分；它提供了项目环境和项目需求的研讨，可以在非常概念化或者是在设计仅完成35%的情况下进行预算。国防部的所有项目都使用1391号文件进行预算编制和预算审查。总务管理局(GSA)准备进行一项被称为规划编制研究的课题(PDS；之前曾被称为计划编制研究)，欲以此作为联邦政府编制预算和确定项目的基础。PDS定义了联邦公共项目，特别是联邦法院的建造内容和需求，该课题对几个由GSA修建的特别复杂的工程进行了研究。PDS 的基础是 GSA 用于新建工程的 3596 格式，或主要用于改建工程的 3597 格式。

1. 分部 海军	**2002 年财政年度军事项目规划**		2. 日期 3/21/2000
3. 内容和地点/UIC：N00210 雷达跟踪中心 五大湖，伊利诺伊州		4. 项目名称 基础设施 1 阶段	
5. 规划分部	6. 分类代码 851.10	7. 项目编号 740	8. 项目成本 6900

9. 成本估价

表　　项	单位	工程量	单位成本	成本(美元)
基础设施 1 阶段				—
支持设施	平方英尺	—	—	6510
特殊工程	平方英尺	—	—	(2750)
电气	平方英尺	—	—	(900)
机械设施	平方英尺	—	—	(2280)
路面以及场地改进	平方英尺	—	—	(580)
拆除	平方英尺	—	—	—

小计	—	—	—	6510
或有费用(0.0%)	—	—	—	—

合同总成本	—	—	—	6510
监管 & 管理费(6.0%)	—	—	—	390

总数	—	—	—	6900
来自其他拨款的设备		—	(无附加)	—

制导设备成本分析

分类编码	单位	制导设备成本	制导设备尺寸	项目建造内容	尺寸因数	地区成本因数	单位成本
851.10	0	0	0	0	0	0	0

无效。本工程仅含支持设施部分。

10. 报建项目情况

本项目规划为现有雷达跟踪中心的扩建项目。项目共有三个阶段，此为第一阶段。其内容为扩建五大湖区雷达跟踪中心的公用系统、扩建展道路、扩建邻近退伍军人管理局 57 英亩土地上的公用系统。本项目在退伍军人管理局土地下方修筑地下车用道路和步行道，卫生和雨水排放系统，扩建雷达跟踪中心的低压饮用水系统，地上电力系统，路灯，以及管道系统。

(下接 DD 1391C)

DD 表 1391 1976 年 12 月 1 日　　　　Page No. 2

图 5-2　1391 号预算文件范例

首先要确定建筑类型要求，它定义了总务管理局用户对建筑类型的基本需求。一旦收到用户反馈回来的建筑类型要求，或者确定了建筑类型的改变形式，总务管理局地区办事处就会进行可行性研究。可行性研究确定基本需求，分析各种项目方案，评估各种发包方式，并推荐最佳解决方案。可行性研究一般基于以往的研究而进行(如地震预测、建筑条件评估、历史情况了解、环境条件评测或危险材料研究)，这些先前研究为确定项目建造内容和各种方案的成本提供了依据。如果认为项目具有更多的价值，则要进行规划编制研究。规划编制研究的目的是：

- 确定项目建造内容；
- 制定初期实施战略；
- 编制项目预算；
- 对客户提出的要求(TI)进行成本估价，评估费用由客户直接支付；
- 确定总务管理局项目财务能力限度，包括收入趋势预测，因为总务管理局的“收入”来源于联邦租赁客户支付的租金。

GSA 准备的项目规划编制研究说明书是一份两三页的提纲，用作申请国会拨款的说明文件。该文件简要说明了空间需求、建造内容、执行进度安排、项目整体预算和需要国会在当前财政年度拨款的具体数额。规划编制研究和说明书准备好之后，还要对该项目进行评估并考虑是否将其纳入 GSA 年度财政预算。最终确定的 GSA 财政预算将被提交到预算管理办公室(OMB)审查，确定是否列入总统提交国会的行政部门预算中。总统预算则又会被送到国会审查，确定最后通过(授权)和拨款的项目。项目只有在获得完全授权，其所需款项也由国会拨付以后才能启动。一般情况下，一个项目需要获得两次批准和拨款：第一次是设计和场地开发批准和拨款，第二次是施工批准和拨款。图 5-3 中列出的是用于项目规划编制研究的 GSA3596 格式。

其他联邦机构、州政府、市政府申请拨款的程序和国防部、

项目成本概要				
UNIFORMAT 体系分部			成本	成本/建筑总面积
A 10	地基		$0.00	$0.00
A 20	基础		$0.00	$0.00
B 10	上部结构		$0.00	$0.00
B 20	外墙		$0.00	$0.00
B 30	屋顶		$0.00	$0.00
C 05	内部结构		$0.00	$0.00
D 10	传送设施		$0.00	$0.00
D 15	机械		$0.00	$0.00
D 50	电气		$0.00	$0.00
E 05	设备 & 设施		$0.00	$0.00
F 05	特殊工程 & 拆除		$0.00	$0.00
G 5	场地工程		$0.00	$0.00
小　　计		**A**	$0.00	
	开挖		$0.00	
	常规费用 & 管理费用税金@2%	**B**	$0.00	
	价格浮动		$0.00	
	保留费(设计)0.5%@A+B		$0.00	
	或有费用(施工)5%@A+E	**C**	$0.00	
	施工成本估价(A+B+C)	**D**	$0.00	
	EDRC		$0.00	
	EMIC		$0.00	
	ESC(场地估价成本)		$0.00	
	项目总估价成本	**E**	$0.00	
编制日期:　　/　　/		**估价成本浮动日期:　　/　　/**		

1999 年 7 月　　　　GSA3596 表(更新)

图 5-3　总务管理局规划编制研究之 3596 表例

总务管理局申请拨款的程序基本相似。这些要求几乎都将提交预算评估作为拨款的必经程序。有的时候，这些预算是基于详尽的分析和项目调查而作出的；还有的时候，预算仅在使用其他类似项目的历史成本记录甚至在设定限值的单位成本分析的基础上做出。

对于私人领域的建筑项目，其预算方法可能和联邦政府项目的预算方法相似，也可能区别很大；比如，私人建筑项目可能使用估量分析法的一部分方法进行设备成本预算，这些方法可能只是整个估量分析法的很小一部分。图 5-4 运用估量分析法编制了一栋办公大楼的预算。在这个例子中，建筑项目各部分按投资回报预期和收支计划进行了成本综合分配。

私人建筑预算常常基于建筑的合理花费而做出，并通过现金流投入和投资回报预测加以调整。但项目一旦出现特殊需求，用这种方法做出的预算就可能显得不合理。

估量分析法

假定：办公楼

利率＝10％

期间(年)：20

表　项	预　算(美元)
总建筑成本	34757000
间接费	9249000
土地成本	4480000
同项目成本	48486000
扣除抵押借款	40956000
产权投资	7530000
总收入	8850000
运营成本	3110000
净收入	5740000
扣除抵押借款回报(偿债)	4305000
税前现金流	1435000
产权投资回报率(简算)	19.1％

借款计算@75％资本收入 现值因数＝9.5136	40956000

图 5-4　估量分析法计算案例

当项目预算和项目需求严重失衡时，项目可能被暂时取消或彻底放弃。一旦出现这种情况，需要对项目进行重新考虑，或对现金流做出重新评估，以调整项目建筑成本。最近，一些特别复杂的建筑项目又和 Wafer 制造厂在高科技业务进行合作。这类项目的建筑成本大多超过 10 亿美元，并以产品销售需求为基础。而产品销售需求在项目建设期间可能会改变多次。近期经验表明，高科技项目的产品市场竞争寿命周期约为 6 个月或更短，而一栋典型的建筑，其寿命周期可能超过两年。在这种情况下，这类项目面临无数困境是不足为奇的。

需要在这里指出的是，为编制预算所需的信息量可能差别很大，见图 5-5。预算可能基于完整详尽的规划而做出，也可能基于一个大概的估价而做出。同样，性能和质量要求可能规定得很细，也可能规定得比较模糊。其他影响成本的因素，如发包方式的选择、项目进度的安排，也可能大相径庭。

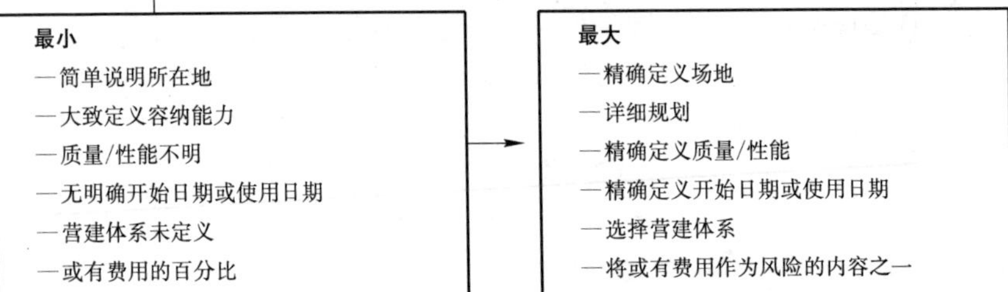

图 5-5　预算有效数据

在成本管理者看来，有两件事很重要。一是预算的有效性，能否将项目控制在预算范围内。二是不论预算可以维持多久，是否能将业主对预算的预期体现在最终的设计中。因为即使预算可以完全满足业主需求和项目建造内容，如果没有被设计人准确领悟，没有在设计中做出和预算一致的正确选择，项目也可能因此遭受重大损失。

一份成功的预算必须：

- 反映项目建造内容。项目建造内容必须准确设定并记录在案；预算中还应当包括适当的步骤，用以确定成本影响因素的总体范围和其他项目规模影响因素的范围。

- 反映质量/性能要求。应当准确设定质量和性能要求并记录在案，为方便比较，还应和项目公告保持一致。
- 反映业主的价值目标。项目的质量和性能应当符合业主的要求。让一个对工程有着极高期望的业主接受一个质量中等或低下的工程是不可能的，同样，让一个对工程只有中等要求的业主为一个高质量的工程付款也不现实。这个问题没有什么科学性而言，只是一种人性的反映。
- 得到认可，能够实现。预算必须得到工程主要参与方的认可，并能够实现。这个问题的重要性毋容置疑。联邦政府很多有问题的工程都是因为预算不现实而遭到国会的反对。在私人建筑领域，这样的工程也会遭到相关对立面，如董事会的反对。
- 经得起推敲。预算可能需要在公众论坛、私人企业内部或某些重要人物面前进行论证。有些时候，尽管一份预算是现实的，可以操作的，但却仍然经不起推敲，其原因是预算超出了一些公认的标准或偏离了原有的方向。不论预算是否符合公认标准，参与上述论证，对重要的项目进一步进行推敲还是很必要的。
- 留有充分余地。在预算中设立或有费用，留出一定备用空间是很关键的。在编制预算过程中，人们一般不愿意设立或有费用，也不愿意为恼人的风险或不太可能发生的情况留出空间。但是，预算却应当考虑可能发生的一切，并为预料外的事件留出合理空间。一些大的公共机构和私人机构会为项目预料外状况进行特别投入，但这并不是说针对所有的项目都是如此。
- 避免追求“被所有人认同”。过去的经验反复证明，一份“被所有人认同”的预算经常造成延误。“被所有人认同”意味着所有的人都想看上一眼。很多工程都有争议或包含着有争议的内容，这些争议会对预算造成影响，并可能增大成本。为避免意见不合或公众争论，相关机构会把争议内容排除在预算和公示的财务数字之外。实际上，这样的预算和数字虽然和公众预期一致，

警告

“被所有人认同”意味着所有的人都想看上一眼。经常造成延误。

却可能并不符合工程的实际需要。

- 避免过分谨慎。和追求“被所有人认同”相反，有一种预算却试图囊括所有项目，包括或有费用、额外费用和能够想到的所有情况可能产生的费用。这样编制预算可能将工程扼杀在摇篮中，因为成本太高，工程根本不可能进行下去。尽管将所有潜在因素纳入预算考虑范围是谨慎明智的，但如果认为所有这些情况都一定会发生而将其统统纳入实际预算就有失偏颇了。这样做不仅可能超出工程的可承受度，也不能反映真实情况。
- 建立预算与现行成本管理的桥梁。有了预算和现行成本控制与成本管理之间的桥梁，一份实际可行的预算就能够保证项目的成功。相反，一份不切实际的预算会从一开始就阻断早期错误识别与改正过程。建立这样的桥梁是成本管理过程的重要环节。它属于一种成本计划，后文将作详细介绍。

三、编制预算的方法

第 4 章介绍了很多可用于预算编制的成本估价方法。现今大多数预算不是基于历史成本记录就是基于某种形式的可行性研究做出的。可行性研究(例如总务管理局的规划编制研究)在某些情况下以一定数量的调查、分析和初步设计活动为基础。从评估的角度看，为这类可行性研究所作的评估和设计过程中的示意性设计评估非常相似；本章后文对此将有进一步介绍。另外两种方法是历史成本法和功能区域规划法，这两种方法在第 3 章中都有所提及，本章也将作进一步介绍。

提示
重要的是确定所收集的历史成本完整，而且能覆盖项目的建造内容。

1. 历史成本法

从其字面中可以看出，历史成本法是以项目历史记录为基础，创建数据库或信息库，为今后的项目预算作参考。这种方法运用起来很简单，只需收集每平方英尺的历史成本数据，或收集单元成本，如每车位成本即可；当然，也可以收集详细的以要素或以工种分类的项目历史信息，以备后用。历史成本法一般在规划和功能要求相似的项目上运用效果最佳。学校建设项目是最好的例子。

使用这种方法，要注意确保收集来的历史成本信息是完整的，可以代表项目建造内容的方方面面；在使用过程中，还要注意考虑被参考项目投标和施工当时到当前项目编制预算时的这一期间，经济状况和市场情况的变化。上述内容在第 3 章中已有介绍。

以图 5-6 举出的样板工程为例，一所位于华盛顿特区维吉利娅郊区的小学校，1996 年 11 月招标，总面积 77200 平方英尺，可容纳 750 名学生。图 4-8 和图 4-9 中的成本累计法直观说明了怎样利用价格一览表作为历史成本记录的基础。这些形式都可以用到图 5-6 中。接下来的一个步骤是为若干规划相似的工程创建一份完整的数据文件。图 5-7(*a*)和图 5-7(*b*)列出了 1993～1997 年五年间收集到的五个具有相似规划的小学建设项目工程。其中每个工程的成本都因为通货膨胀(每年 3%)和市场情况的变化(市场情况好则增加 6%，不好则降低 6%)而进行了调整。请注意，尽管这是一个客观的加减乘除的过程，但其中也包含着大量的主观判断，没有绝对的对和错。关键在于，成本管理者应当根据实际情况的变化对成本进行调整。显然，在发生通货膨胀时不随之进行成本调整是不合理的，但是，将竞标期间出现的不正常的市场状况当作具有普遍代表性的状况进行处理也是不合理的。

上述历史数据文件可用来为新的项目编制预算。在下例小学建设工程中，应考虑如下与预算有关的问题：

- 建筑总面积达到 65000 平方英尺；
- 总占地面积达到 65000 平方英尺；
- 围护结构面积达到 25000 平方英尺；
- 屋顶面积达到 67000 平方英尺；
- 报价日期 2001 年 4 月；
- 工期 14 个月。

建筑成本一览

项目说明：小学，弗吉尼亚州-例 1

项目类型：学校

总建筑面积：(GSF) 77200

投标日期：11/1996

工期(月)：14

市场情况：好

系统/分部说明	UNIFORMAT	总成本	单位面积成本	占建筑百分比%	计量对象	分项分析 单位	数值	成本/单位
建筑		*b*	*b*/总面积	*b*/27			*c*	*b*/*c*
1 地基	(A10)	506192	6.56	9.3%	建筑占地面积	平方英尺	77200	6.56
2 标准地基	(A1010)	302142	3.91	5.6%	建筑占地面积	平方英尺	77200	3.91
3 其他地基	(A1020)	—	—	0.0%	建筑占地面积	平方英尺	77200	
4 地基底板	(A1030)	204050	2.64	3.8%	建筑占地面积	平方英尺	77200	2.64
5 基础	(A20)	—	—	0.0%	建筑占地面积	平方英尺	77200	
6 基础小计	(A)	506192	6.56	9.3%	建筑占地面积	平方英尺	77200	6.56
7 上部结构	(B10)	400900	5.19	7.4%	总建筑面积	平方英尺	77200	5.19
8 外围结构	(B20)	537917	6.97	9.9%	外围面积	平方英尺	31000	17.35
9 屋面工程	(B30)	273275	3.54	5.0%	屋面表面积	平方英尺	80000	3.42
10 框架小计	(B)	1212092	15.70	22.3%	总建筑面积	平方英尺	77200	15.70
11 室内	(C10)	560523	7.26	10.3%	总建筑面积	平方英尺	77200	7.26
12 楼梯	(C20)	—	—	0.0%	总建筑面积	平方英尺	77200	
13 室内装修	(C30)	394833	5.11	7.3%	总建筑面积	平方英尺	77200	5.11
14 室内工程小计	(C)	955356	12.38	17.6%	总建筑面积	平方英尺	77200	12.38
15 传送系统	(D10)	7288	0.09	0.1%	总台数	每项	1	7288
16 卫生设施	(D20)	447800	5.80	8.2%	总数	每项	150	2985
17 采暖与通风空调	(D30)	1049400	13.59	19.3%	吨(或热量单位/小时)	每项	200	5247
18 消防	(D40)	151800	1.97	2.8%	消防区	平方英尺	77200	1.97
19 电气	(D50)	859866	11.14	15.8%	总建筑面积	平方英尺	77200	11.14
20 电气设施 & 配电系统	(D5010)	182120	2.36	3.4%	接入千瓦数	千瓦	650	280
21 照明 & 布线	(D5020)	286132	3.71	5.3%	总建筑面积	平方英尺	77200	3.71
22 通信 & 安全	(D5030)	205778	2.67	3.8%	总建筑面积	平方英尺	77200	2.67
23 其他电气系统	(D5040)	185836	2.41	3.4%	总建筑面积	平方英尺	77200	2.41
24 室内设施小计	(D)	2516154	32.59	46.3%	总建筑面积	平方英尺	77200	32.59
25 设备及陈设小计	(E)	211210	2.74	3.9%	总建筑面积	平方英尺	77200	2.74
26 特殊工程 & 拆除小计	(F)	28500	0.37	0.5%	总建筑面积	平方英尺	77200	0.37
27 **建筑总计**		$5429504	$70.33	100.0%	居住单位	每项	750	$7239
28 **场地工程 & 市政设施**		—						
29 场地准备	(D10)	467598	6.06	8.6%	总场地面积	平方英尺	600000	0.78
30 场地改善	(G20)	85122	1.10	1.6%	总场地面积	平方英尺	600000	0.14
31 场地机械设施	(G30)	301500	3.91	5.6%	总场地面积	平方英尺	600000	0.50
32 场地电气设施	(G40)	—	—	0.0%	总场地面积	平方英尺	600000	—
33 其他场地临建	(G50)	—	—	0.0%	总场地面积	平方英尺	600000	—
34 场地工程 & 市政设施总计	(G)	854220	11.07	15.7%	总场地面积	平方英尺	600000	1.42
35 常规费用、管理费以及利润@	5.1%	322647	4.18	5.9%				
36 **当前总体成本**		$6606371	$85.57	121.7%	居住单位	每项	750	$8808
37 或有费用	@	—	—	0.0%				
38 价格浮动	@	—	—	0.0%				
39								
40 **预计总体成本**		$6606371	$85.57	121.7%	居住单位	每项	750	$8808

参数		单位	数值
1	总建筑面积	平方英尺	77200
2	占地面积	平方英尺	77200
3	总外围面积	平方英尺	31000
4	门窗比	%	12%
5	屋面表面积	平方英尺	80000
6	传送设施总台数	台	1
7	吨(或热量单位/小时)	t	200
8	卫生设施总数	每项	150
9	消防区域面积	平方英尺	77200
10	接入千瓦数	kW	650
11	居住单位	每项	750
12	平均层高	英尺	12
13	总场地面积	平方英尺	600000
14	总建筑面积/居住单位	平方英尺/每项	103

区域分析	区域(平方英尺)
基础	—
地板	77200
楼板	
阁楼	
其他区域	—
总房屋面积	77200

图 5-6 学校历史文件范例

以从数据库中选出的样板工程为例编制预算，图 5-8 显示的是一种可能出现的预算结果。该图向读者提供了一种简单的记录设定和计算评估数据的方法。由于数据库是以建筑分部为分类来记录单位面积成本，也可以使用其他单位参数成本，参与预算过程的人员可以使用要素或者主要设施的单位面积成本来考虑各分部。图 5-8 中技术条件摘要一栏可用来记录对工程的一些设定；如果历史数据文件中的每一个工程都准确地记录了这些主要的技术规格，图 5-8 中的这一栏也可以在进行调整的过程中起到提供方便的作用。在所举的例子中，如果没有提供各种不同类数据的必要，大多数预算数字都援引自图 5-7(*b*)中调整所有项目平均值一栏。比如，基础的成本为每平方英尺 7.50 美元，和工程的平均成本值很接近。在对和数据库选用工程相关的小学校建设工程进行设计的过程中，有两个地方根据实际变化做出了轻微的调整。一个是供电设备，另一个是采暖通风与空调，这反映出现今小学高科技设备和电脑使用率的提高，由此带来单位面积电力负荷和制冷机械负荷的增加。据此，预算中这两项数字都提高了大约 10%。如果有合理证据证明其他建筑要素也需要进行变更，在预算中也会作出相应调整。此外，还需要注意两点。对于一个具备上述规模的工程来说，一般管理费用和利润在通常情况下会增高 15%。但是，正如承包商所报告的那样，由于以前的工程是以价格一览表信息为基础，这一项费用可能会被低估，因为利润很少被列入价格一览表，而通常被分摊到各类分包合同中。如果基于当前数据库进行评估，则必须做出适当的假设。还有一种方法是修改数据库。在这种情况下不列入增加的成本，因为数据库本身已经调整到 2001 年 4 月招标的那一天；另外，这些数字都是在投标数据的基础上做出的，工程中途任何成本增加都已经包括到了投标信息中。

最后一个问题是或有费用。通常，在基于经过评估的成本进行设计前评估的时候，就已经包括了 10%～15%到 20%的或有费用。由于前文提到的五个工程都使用投标信息作为成

建筑成本一览—所有项目(调整到 2001 年 4 月)								
项目说明：小学	投标日期：		11/1996		8/1995		10/1993	
项目类型：学校	工期(月)：		14		15		14	
	市场情况：		好		好		极好	
系统/分部说明	UNIFORMAT 参考		例 1 总成本	调整系数 ($/sf) 1.14	例 2 总成本	调整系数 ($/sf) 1.18	例 3 总成本	调整系数 ($/sf) 1.32
建筑			*b*		*b*		*b*	
1 地基	(A10)		506192	7.47	485255	6.83	397823	7.80
2 标准地基	(A1010)		302142	4.46	277228	3.90	219741	4.31
3 其他地基	(A1020)		—	—	—	—	—	—
4 地基底板	(A030)		204050	3.01	208027	2.93	178081	3.49
5 基础	(A20)		—	—	—	—	—	—
6 基础小计		(A)	506192	7.47	485255	6.83	397823	7.80
7 上部结构	(B10)		400900	5.92	408714	5.75	291566	5.72
8 外围结构	(B20)		537917	7.94	504529	7.10	391216	7.67
9 屋面工程	(B30)		273275	4.03	278601	3.92	198747	3.90
10 框架小计		(B)	1212092	17.89	1191845	16.78	881529	17.28
11 室内	(C10)		560523	8.27	571448	8.04	346508	6.79
12 楼梯	(C20)		—	—	—	—	—	—
13 室内装修	(C30)		394833	5.83	483034	6.80	258438	5.07
14 室内工程小计		(C)	955356	14.10	1054482	14.84	604946	11.86
15 传送系统	(D10)		7288	0.11	7430	0.10	5300	0.10
16 卫生设施	(D20)		447800	6.61	456528	6.43	325675	6.38
17 采暖与通风空调	(D30)		1049400	15.49	1283824	18.07	763206	14.96
18 消防	(D40)		151800	2.24	154759	2.18	110401	2.16
19 电气	(D50)		859866	12.69	859866	12.10	859866	16.86
20 电气设施 & 配电系统	(D5010)		182120	2.69	185670	2.61	132452	2.60
21 照明 & 布线	(D5020)		286132	4.22	291709	4.11	208098	4.08
22 通信 & 安全	(D5030)		205778	3.04	209789	2.95	149658	2.93
23 其他电气系统	(D5040)		185836	2.74	189458	2.67	135155	2.65
24 室内设施　小计		(D)	2516154	37.14	2762407	38.89	2064449	40.47
25 设备及陈设　小计		(E)	211210	3.12	215327	3.03	153609	3.01
26 特殊工程 & 拆除　小计		(F)	28500	0.42	29055	0.41	20727	0.41
27 建筑总计			$5429504	80.14	$5738371	80.78	$4123083	80.83
28 场地工程 & 市政设施			—	—	—	—	—	—
29 场地准备	(G10)		467598	6.90	657181	9.25	375979	7.37
30 场地改善	(G20)		85122	1.26	99695	1.40	88977	1.74
31 场地机械设施	(G30)		301500	4.45	353117	4.97	242426	4.75
32 场地电气设施	(G40)		—	—	—	—	—	—
33 其他场地临建	(G50)		—	—	—	—	—	—
34 场地工程 & 市政设施　总计		(G)	854220	12.61	1109993	15.63	707382	13.87
35 常规费用、管理费以及利润		5.1%	322647	4.76	351639	4.95	248027	4.86
36 当前总体成本			$6606371	97.51	$7200003	101.36	$5078492	99.56
37 或有费用	@		—	—	—	—	—	—
38 价格浮动	@		—	—	—	—	—	—
39								
40 预计总体成本			$6606371	97.51	$7200003	101.36	$5078492	99.56
41 预计单位面积总成本			$85.57	97.51	$85.71	101.36	$75.24	99.56

参数		单位	数值		数值		数值	
1	总建筑面积	平方英尺	77200		84000		67500	
2	占地面积	平方英尺	77200		84000		67500	
3	总外围面积	平方英尺	31000		33731		28000	
4	门窗率	%	12%		12%		15%	
5	屋面表面积	平方英尺	80000		87047		69948	
6	传送设施总台数	台	1		1		1	
7	吨(或热量单位/小时)	t	200		240		200	
8	卫生设施总数	每项	150		160		130	
9	消防区域面积	平方英尺	77200		84000		67500	
10	接入千瓦数	kW	650		750		600	
11	居住单位	每项	750		800		600	
12	平均层高	英尺	12		12		12	
13	总场地面积	平方英尺	600000		750000		580000	
14	总建筑面积/居住单位	平方英尺/每项	103		105		113	

图 5-7(*a*)　项目历史文件范例(项目 1 到 3)

建筑成本一览—全部项目(调整至 2001 年 4 月)

项目说明：小学 项目类型：学校	投标日期：	1/1997		9/1994		调整所有项目平均值（$/SF）	调整所有项目平均值（$/参数）			
		14		16						
		好		好						
系统/分部说明	UNIFORMAT 参考	例 4 总成本	调整系数（$/sf）	例 5 总成本	调整系数（$/sf）					
建筑		b	1.13	b	1.21					
1 地基	(A10)	561768	8.13	385840	7.01	7.45	建筑占地面积	74780	平方英尺	7.45
2 标准地基	(A1010)	348071	5.04	230305	4.18	4.38	建筑占地面积	74780	平方英尺	4.38
3 其他地基	(A1020)	—	—	—	—	—	建筑占地面积	74780	平方英尺	—
4 地基底板	(A1030)	213698	3.09	155535	2.82	3.07	建筑占地面积	74780	平方英尺	3.07
5 基础	(A20)	—	—	—	—	—	建筑占地面积	74780	平方英尺	—
6 基础小计	(A)	561768	8.13	385840	7.01	7.45	建筑占地面积	74780	平方英尺	7.45
7 上部结构	(B10)	461841	6.69	305582	5.55	5.92	总建筑面积	74780	平方英尺	5.92
8 外围结构	(B20)	563351	8.16	360819	6.55	7.48	外围面积	30646	平方英尺	18.25
9 屋面工程	(B30)	329125	4.77	208301	3.78	4.08	屋面表面积	77492	平方英尺	3.94
10 框架小计	(B)	1354317	19.61	874703	15.88	17.49	总建筑面积	74780	平方英尺	17.49
11 室内	(C10)	587025	8.50	405890	7.37	7.80	总建筑面积	74780	平方英尺	7.80
12 楼梯	(C20)	—	—	—	—	—	总建筑面积	74780	平方英尺	—
13 室内装修	(C30)	413501	5.99	361149	6.56	6.05	总建筑面积	74780	平方英尺	6.05
14 室内工程小计	(C)	1000526	14.49	767040	13.93	13.84	总建筑面积	74780	平方英尺	13.84
15 传送系统	(D10)	7633	0.11	5555	0.10	0.11	总台数	1	每项	7901
16 卫生设施	(D20)	468973	6.79	341331	6.20	6.48	总数	144	每项	3365
17 采暖与通风空调	(D30)	1099017	15.91	799895	14.53	15.79	吨(或热量单位/小时)	208	每项	5689
18 消防	(D40)	158977	2.30	115708	2.10	2.20	消防区	74780	平方英尺	2.20
19 电气	(D50)	859866	12.45	859866	15.62	13.94	总建筑面积	74780	平方英尺	13.94
20 电气设施 & 配电系统	(D5010)	190731	2.76	138819	2.52	2.64	接入千瓦数	660	千瓦	299
21 照明 & 布线	(D5020)	344610	4.99	218101	3.96	4.27	总建筑面积	74780	平方英尺	4.27
22 通信 & 安全	(D5030)	269384	3.90	156852	2.85	3.13	总建筑面积	74780	平方英尺	3.13
23 其他电气系统	(D5040)	194623	2.82	141652	2.57	2.69	总建筑面积	74780	平方英尺	2.69
24 室内设施　小计	(D)	2594466	37.57	2122355	38.54	38.52	总建筑面积	74780	平方英尺	38.52
25 设备及陈设　小计	(E)	221196	3.20	193191	3.51	3.17	总建筑面积	74780	平方英尺	3.17
26 特殊工程 & 拆除　小计	(F)	29848	0.43	21724	0.39	041	总建筑面积	74780	平方英尺	0.41
27 **建筑总计**		$ 5762121	83.44	$ 4364853	79.27	80.89	居住单位	700	每项	$ 8675
28 **场地工程 & 市政设施**			—		—	—				—
29 场地准备	(G10)	482827	6.99	527489	9.58	8.02	总场地面积	620000	平方英尺	0.96
30 场地改善	(G20)	87894	1.27	71129	1.29	1.39	总场地面积	620000	平方英尺	0.17
31 场地机械设施	(G30)	311319	4.51	214147	3.89	4.51	总场地面积	620000	平方英尺	0.55
32 场地电气设施	(G40)	—	—	—	—	—	总场地面积	620000	平方英尺	—
33 其他场地临建	(G50)	—	—	—	—	—	总场地面积	620000	平方英尺	—
34 **场地工程 & 市政设施　总计**	(G)	882041	12.77	812765	14.76	13.93	总场地面积	620000	平方英尺	1.68
35 常规费用、管理费以及利润@	5.1%	341154	4.94	265852	4.83	4.87				—
36 **当前总体成本**		$ 6985316	101.15	$ 5443470	98.86	99.69	居住单位	700	每项	$ 10692
37 或有费用	@	—	—	—	—	—				—
38 价格浮动	@	—	—	—	—	—				—
39										
40 **预计总体成本**		$ 6985316	101.15	$ 5443470	98.86	99.69	居住单位	700	每项	$ 10692
41 **预计单位面积总成本**		$ 89.21	101.15	$ 81.37	98.86	99.69	—			

参数		单位	数值		数值		数值
1	总建筑面积	平方英尺	78300		66900		74780
2	占地面积	平方英尺	78300		66900		74780
3	总外围面积	平方英尺	32500		28000		30646
4	门窗率	%	12%		15%		13%
5	屋面表面积	平方英尺	81140		69326		77492
6	传送设施总台数	台	1		1		1
7	吨(或热量单位/小时)	t	200		200		208
8	卫生设施总数	每项	150		130		144
9	消防区域面积	平方英尺	78300		66900		74780
10	接入千瓦数	千瓦	700		600		660
11	居住单位	每项	750		600		700
12	平均层高	英尺	12		12		12
13	总场地面积	平方英尺	600000		570000		620000
14	总建筑面积/居住单位	平方英尺/每项	104		112		107

图 5-7(*b*)　项目历史文件范例(项目 4 到 5)

预算成本估价工作表

项目：小学预算

建筑类型：	小学
地址：	华盛顿特区
建筑师：	
投标日期：	2001 年 4 月
工期：	14 个月
分类号：	
委托人：	
索引：	
市场情况：	好

项目主要情况

一层小学校舍，以耳房相连

预算分析

计算以及备注

面积			数量
地下室面积	0	平方英尺	0
底层占地面积	65000	平方英尺	1
楼面面积	0	平方英尺	0
阁楼面积	0	平方英尺	
建筑总面积	65000	平方英尺	

平均层高	12 英尺
占地面积	65000 平方英尺
底层周长	2000 英尺
基础墙面积	0 平方英尺
窗户面积	25000 平方英尺
屋顶面积	67000 平方英尺
分隔区域	78000 平方英尺
卫生设施数	135 项
居住设施	650 间

成本分析系统		分项数量		分项单价	数量	$/平方英尺	%	技术条件摘要
A10	地基	65000	平方英尺	7.50	$ 487500	$ 7.50	6.8%	底板
A20	基础	0	平方英尺	—	$ —	$ —	0.0%	无
B10	上部机构	65000	平方英尺	6.00	$ 390000	$ 6.00	5.5%	钢结构
B20	外墙	25000	平方英	18.50	$ 462500	$ 7.12	6.5%	砌块面层砖砌镶面
B30	屋顶	67000	平方英尺	4.00	$ 268000	$ 4.12	3.7%	复合
C	内部结构	65000	平方英尺	14.00	$ 910000	$ 14.00	12.7%	砌块分割
D10	传送设施	0	台	—	$ —	$ —	0.0%	无
D20	卫生设施	135	每项	3400	$ 459000	$ 7.06	6.4%	标准配置
D30	空调	200	t	5700	$ 1140000	$ 17.54	15.9%	四管式系统
D40	消防	65000	平方英尺	2.20	$ 143000	$ 2.20	2.0%	标准
D50	电气	65000	平方英尺	16.00	$ 1040000	$ 16.00	14.5%	动力，照明 & 特殊系统
E	设备 & 设施	65000	平方英尺	3.50	$ 227500	$ 3.50	3.2%	包括厨房，不含锁具
G	场地工程	600000	平方英尺	1.50	$ 900000	$ 13.85	12.6%	含参考部分
	常规费用利润 & 管理费		%	6%	$ 385650	$ 5.93	5.4%	基于常规费用
	价格浮动			已包括	$ —	$ —	0.0%	含在报价中
	或有费用			5%	$ 340658	$ 5.24	4.8%	根据投标价格的初步设计图
总计					**$ 7153808**	**$ 110.06**	**100.0%**	**每单元成本 $ 11006**

图 5-8 小学预算案例

本基础，可能增加的或有费用就可能是和规划相关的或有费用，而不是和评估相关的或有费用。对于业界很多人来说，这是个不好解决的问题，因为显然或有费用和增加的或有费用值极大地影响了预算。对于这些工程来说，除非认为存在有极大的尚未认识到的规划风险，或此类风险的变数很大，否则，在预算中加入5%的或有费用就可能太多了。

实际操作中，要注意证明历史成本信息可以被用于编制预算。这需要极为谨慎仔细地对历史信息进行分类，根据时间和市场变化对历史信息进行调整，并在项目出现特殊的和数据库标准不一致的情况时利用这些信息作出调整。此外，越来越多的例子证明，其他参数信息在设计人进行预算指导和设定时，也能发挥一定作用。

在对不同类型建筑进行比较时，可能含有类似建筑要素，如墙体工程，因此也可能用到历史信息。但是，这需要对以前的工程有足够的了解，并对当前工程建筑要素的最佳选择方案了然于心。在设计过程中，也可使用公开出版的成本信息作整体性比较，及对建筑要素作交叉校验。通常，使用混合和匹配的比较方式是不错的选择。

2. 功能区域法

功能区域法是一种基于工程实际规划编制预算的方法。前面提到的历史成本法，其使用风险之一是需要根据不同项目规划内容的不同进行调整和适应。前面举过的小学校的例子具有极其相似的规划，规划中各要素的比例也几乎相同。使用功能区域法则需要对规划中比例各不相同的要素进行定义。

在第3章中已经提到过，有两种基本的功能规划法。第一种是根据总体规划的建筑类型，使用混合空间形式的单位面积成本，第二种是将预算划分成核心和框架以及用户准备单元。图5-9提供了GSA公布的近期以功能区域划分的成本信息；图5-10列出了GSA推荐使用的总因数以及调整为净面积的因数。

建筑单位成本

表项	建筑类型		英制单位		
			低价 $/总面积	**标准价格** $/总面积	高价 $/总面积
1		普通办公室	$124	**$130**	$151
2		办公室(带装修的政府办公楼)	$140	**$147**	$173
3	ST-1	普通仓储	$76	**$107**	$140
4	ST-2	室内停车场	$59	**$70**	$76
5		室外停车场(车库结构)	$31	**$35**	$40
6	ST-3	仓库	$77	**$85**	$101
7	SP-1A	实验室	$175	**$176**	$236
8	SP-IB	卫生间·诊所·健身设施/儿童保育	$168	**$173**	$176
9	SP-2	饮食服务	$155	**$169**	$192
10	SP-3A	结构转换区	$168	**$188**	$207
11	SP-3B	法庭	$206	**$228**	$248
12	SP-4	自动数据处理	$171	**$185**	$222
13	SP-5A	会议室和教室练习室	$137	**$149**	$165
14	SP-5B	司法审讯室，小法庭	$191	**$213**	$233
15	SP-5C	聆讯间	$162	**$164**	$181
16	SP-6	轻工业	$109	**$117**	$128

图 5-9 总务管理局“联邦政府及法院办公楼建筑成本评审综合指南”中建议的单位成本

功能区域法的基本使用方法如下：

(1) 以多种已知空间类型的总体面积数量及相应单位成本为依据，设定建筑整体成本。之所以使用这种单位成本方法，是因为在项目早期计划阶段可获得零散的设计信息。地理性成本差异可通过建筑成本指数(CCI)乘数反映出来。在特殊情况下，如发生地震，也可对单位成本进行调整。适当情况下也可使用其他已知的空间要素。对于已知的工程特殊事项，也可以增加明细成本的方式进行调整。

建筑类型	使用效率因数*		
	低	标准	高
普通办公楼—全开敞布置	0.72	**0.75**	0.78
普通办公楼—等比布置	0.68	**0.72**	0.76
普通办公楼—封闭布置	0.67	**0.70**	0.73
ST-1 普通仓储	0.76	**0.81**	0.86
ST-2 室内停车场	0.82	**0.86**	0.90
室外停车场(车库结构)	0.85	**0.89**	0.92
SP-1A 实验室	0.50	**0.58**	0.66
SP-IB 卫生间. 诊所. 健身设施/儿童保育	0.54	**0.61**	0.68
SP-2 饮食服务	0.63	**0.68**	0.72
SP-3A 结构转换区	0.70	**0.74**	0.78
SP-3B 法庭	0.60	**0.65**	0.70
SP-4 自动数据处理	0.60	**0.65**	0.70
SP-5A 会议室和教室练习室	0.60	**0.65**	0.70
SP-5B 司法审讯室，小法庭	0.60	**0.65**	0.70
SP-5C 聆讯间	0.60	**0.65**	0.70
SP-6 轻工业	0.86	**0.89**	0.92
其他	—	—	—
其他	—	—	—

* 空间使用效率范围含必要的后勤。

图 5-10 总务管理局“联邦政府及法院办公楼建筑成本评审综合指南”中建议的建筑类型总因数

(2) 使用空间单位成本表示一定范围内可能发生的极端情况。在这个范围内，“典型”单位成本适用于多种场合，特别是中层建筑(5～9 层)。空间单位成本应当随已知要素和条件的改变而进行增减。规模较小的建筑、城市建筑、小户型，精装修，增加分隔的封闭式办公楼，和普通高层建筑(10～20 层)，其单位成本相对较高。相反，低层建筑(1～4 层)、大户型，以及大型建筑的总面积，因受规模经济影响，其空间单位成本相对较低。

(3) 使用建筑总面积单位成本。按照惯例，总面积按住宅规划文件中规定的可用空间需求进行估算。在规定的范围内，“标准”空间利用率适用于多数工程。但是，如果建筑构造很清晰，在普通高层建筑、小型空间区域或小户型中，可考虑低空间使用效率。对于低层建筑、大型空间，或大户型，可考虑高空间使用效率。

(4) 以住宅计划/空间需求评估为依据，标明项目及所有相关建筑区域的可用平方英尺或平方米要求。将近似的空间类型要求分组列入一般单位成本项，如图 5-9 所示。在适当情况下，利用图 5-10 所示的空间利用效率将其转化为总面积。

(5) 对项目总体特征和要求进行评估。对装修的精度，已知的规划要求，地板的尺寸，建筑高度等因素进行评估，并根据评估结果建立在空间利用率和单位成本范围内进行选择的原则。

(6) 识别其他所有可能增加空间类型整体成本的空间要素。例如，加强安全或应用新型“陈列橱”技术都属于这里所指的空间要素。

(7) 将这些成本增加到想要的参考数据中。GSA 的单位成本中包括了施工期间一定的价格浮动：同样，增加成本时不应当考虑建筑工期。

(8) 考虑为满足租赁者提出的要求，是否需要增加特殊建筑要求和/或设备。如果需要，单独增加相应成本。

(9) 把空间成本估价和特殊要求成本(上述第 8 点)结合起来，确定评估后建筑成本。

举例如下：作为部级规划的一部分，北卡罗来纳州罗利市欲新建一栋联邦政府大楼。在建筑计划中，简要列出了下列空间需求，以及每平方英尺的价格。由于具体建房位置尚未确定，因此没有设定平面设计布局方面的限制。另外，无可能影响项目成本的特殊要求。

建筑类型	占地面积
普通办公楼	150000
普通仓储	2450
室内停车场(102 位)	35900
盥洗间	800
门诊，保健	900
儿童保育	2400
饮食服务	5800
变更结构区	3000
SP-3B 法庭	24000
SP-4 自动数据处理	10580
会议室和教室练习室	6500
司法审讯室	4000
小型法庭	8000
聆讯间	18000
总计	**272330**

使用前面介绍的方法，以及图 5-9 中列出的单位成本和图 5-10 中列出的所有要素，我们可以为这个假设的项目编制预算。图 5-11 是具体的计算数据。

有趣的是，工程总成本为每平方英尺 124 美元，可能比人们预想的联邦政府大楼的造价要低(即使以 1998 年的数据为基准也是如此)。但是，在对住宅规划进行快速审查的过程中我们发现，工程中有相当大一部分是内部停车场，其每平方英尺平均成本要比完全完工的项目低很多，因此拉低了每平方英尺的总体成本。另外，该项目 50％以上都是一般办公区域，这同样也拉低了平均成本。

(1) 核心、框架以及用户功能区域法

利用目前用于 GCCRG 的模式，可以做出一项独立的以核心、框架以及用户功能为内容的估价。另外，利用这一模式还可制定成本计划，并由此进行 UNIFORMAT 评估。这一过程对空间或功能区域法与成本计划的结合非常关键。图 5-12 以以往工程的住宅计划为基础，使用更新后的截至 2002 年 5 月数据进行评估，简要说明了这一模式的使用方法。另外，图 5-13 简要说明了利

一般建筑成本分析				1 页/共 1 页
项目名称： 新建联邦法院	目的或目标： 编制成本分析-建筑方案			GCCRG 出版日期： 10/01/1997
城市、州 罗利，北卡罗来纳州	GCCRG 应用地区： 北卡罗来纳州	建筑浮动比率： 2.30%	GCCRG 成本指数： 0.80	分析日期： 12/15/1997
估价师： John Doe	组织名称： XPCP	电话号码： (202)501-0000	抗震系数： 1.00	估价日期： 12/25/1997
投资组合管理协调员： Steve Smith	组织名称： XPLX	电话号码： (202)501-1321	其他类型指数： 1.00	基准日期： 01/01/2001

建筑类型 (直接包括或加入)	**面　积**			**单位成本** 参考 GCCRG 表	**空间成本** 考虑地区和 GCCRG 日期因数	**空间成本** 考虑基准日期价格浮动
	占用	效率	总面积			
普通办公室(等比规划)	150000	72%	208333	$130.00	$21667000	$23331000
办公室(带装修的政府办公楼)	0	0%	0	$0.00	$0	$0
ST-1 普通仓储	2450	81%	3025	$107.00	$259000	$279000
ST-2 室内停车场	35900	86%	41744	$70.00	$2338000	$2518000
室外停车场(车库结构)	0	0%	0	$0.00	$0	$0
ST-3 仓库	0	0%	0	$0.00	$0	$0
SP-IA 实验室	0	0%	0	$0.00	$0	$0
SP-IB 卫生间. 诊所. 健身设施/儿童保育	4100	61%	6721	$173.00	$930000	$1001000
SP-2 饮食服务	5800	68%	8529	$169.00	$1153000	$1242000
SP-3A 结构转换区	3000	74%	4054	$178.00	$577000	$621000
SP-3B 法庭	24000	65%	36923	$228.00	$6735000	$7252000

SP-4 自动数据处理	10580	65%	16277	$185.00	$2409000	$2594000
SP-5A 会议室和教室练习室	6500	65%	10000	$149.00	$1192000	$1284000
SP-5B 司法审讯室，小法庭	12000	65%	18462	$213.00	$3146000	$3388000
SP-5C 聆讯间	18000	65%	27692	$164.00	$3633000	$3912000
SP-6 轻工业	0	0%	0	$0.00	$0	$0
其他	0	0%	0	$0.00	$0	$0
其他	0	0%	0	$0.00	$0	$0

注：单位成本和使用效率仅适用于支持的空间类型。场地开发成本已包括在单位成本内。
空间单位成本反映：或有费用(设计 & 施工)，常规费用/利润，设计版权和其他留置权。

合计	272300	**使用面积**	381800	**总建筑面积**	$44039000	$47422000

建筑空间总体利用率=70%(不含停车场)
=71%(含停车场)

特殊需求	**数量**	**单位**	**单位成本** 在估价期	**或有费用 & 留置权费** 在估价期	**特殊成本** 在估价期	**特殊成本** 在指定日期浮动
	0		$0	$0	$0	$0

注：特殊需求单位成本包括地区因素，设计或有费用，以及常规费用/利润。
特殊需求单位成本不包括施工或有费用，建筑设计版权和其他留置权。

特殊需求总计	$0	$0
建筑总体成本		**$47422000**
建筑单位面积成本		**$124**

图 5-11 总务管理局联邦政府及法院办公楼建筑成本评审综合指南计算实例

GCCRG 估价比较器

按空间类型归类

HANSCOMB 公司

12/19/2001

打印全部　　打印　　打印表格

打印按钮

项目：案例

建筑类型	使用面积规划	空间利用率			总面积	基础框架			装　备			合　计		
		额外	默认	使用		单位面积成本	单位使用面积成本	施工成本	单位面积成本	单位使用面积成本	装备成本	单位面积成本	单位使用面积成本	施工成本
1. 办公室(普通)	**150000**		72%	72%	208333	94.80	131.66	19749701	$23.80	$33.05	$4958046	118.60	164.72	$24707747
2. 办公室一增加功能	**0**		70%	70%	0	0.00	0.00	0	$0.00	$0.00	$0	0.00	0.00	$0
办公室一开放式														
3. ST-1 普通贮存区	**0**		75%	75%	0	0.00	0.00	0	$0.00	$0.00	$0	0.00	0.00	$0
4. ST-2 室内停车场	**2450**		81%	81%	3025	80.81	99.76	[illegible]44418	$17.44	$21.53	$52744	98.25	121.29	$297161
	35900		86%	86%	41744	64.36	74.83	2586536	$0.00	$0.00	$0	64.36	74.83	$2686536
6. ST-3 仓库			89%	89%	0	0.00	0.00	0	$0.00	$0.00	$0	0.00	0.00	$0
7. SP-IA 实验室			58%	58%	0	0.00	0.00	0	$0.00	$0.00	$0	0.00	0.00	$0
8. SP-IB 卫生间、诊所、健身设施/儿童保育	**4100**		61%	61%	6721	90.44	148.27	[illegible]07898	$66.72	$109.37	$448418	157.16	257.64	$1056316
9. SP-2 食堂	**5800**		68%	68%	8529	122.47	180.10	1044594	$31.53	$46.37	$268974	154.00	226.48	$1313567
10. SP-3A 结构转换区	**3000**		74%	74%	4054	127.09	171.74	515220	$40.93	$55.31	$165941	168.02	227.05	$681161
11. SP-3B 标准客房	**24000**		65%	65%	36923	96.66	148.71	3569153	$112.93	$173.74	$4169762	209.60	322.45	$7738915
12. SP-4 数据自动处理模块	**10580**		65%	65%	16277	123.65	190.24	2012722	$45.77	$70.42	$745047	169.43	260.66	$2757769
13. SP-5 会议室及练习房	**6500**		65%	65%	10000	109.91	169.09	1[illegible]99054	$28.04	$43.15	$280445	137.95	212.23	$1379500
14. SP-5B 聆训室、小型法庭	**12000**		65%	65%	18462	98.08	150.89	1[illegible]10725	$97.19	$149.52	$1794191	195.27	300.41	$3604916
16. SP-5C 聆训间	**18000**		65%	65%	27692	99.31	152.78	2[illegible]50036	$69.93	$107.58	$1936423	169.23	260.36	$4686459
17. SP-6 多功能修理厂			89%	89%	0	0.00	0.00	0	$0.00	$0.00	$0	0.00	0.00	$0
合计	**272330**			**71%**	**381761**	**$94.54**	**$132.52**	**$3[illegible]090056**	**$38.82**	**$54.42**	**$14819991**	**$133.36**	**$186.94**	**$50910047**

统计：

成本基准日期＝**2002 年 5 月**　　地域因数＝**0.80**　　附加调整因数＝**1.00**　　改造一拆除(是/否)**否**

不可预见费用＝**0%**　　通货膨胀比率＝**3.1%**　　施工类型(新建/改造)**新**

图 5-12　核心与框架预算法案例

GCCRG 估价比较对照表

Hanscomb 公司

施工成本一览-总价

工程范例

10/14/2001

分目	1 标准 办公室	3 ST-1 普通仓储	4 ST-2 室内车场	8 SP-1B 卫生间	9 SP-2 饮食服务	10 SP-3A 结构转换区	11 SP-3B 法庭	12 SP-4 自动数据处理	13 SP-5A 会议室和教室练习室	14 SP-5B 小法庭	16 SP-5C 聆讯间	总计 成本	总计 单位面积成本
01 基础	**361524**	**5638**	**138156**	**2838**	**14910**	**1104**	**13248**	**35406**	**17394**	**7718**	**11530**	**609467**	**1.60**
011 标准基础	361524	5638	138156	2838	14910	1104	13248	35406	17394	7718	11530	609467	1.60
012 特殊基础	0	0	0	0	0	0	0	0	0	0	0	0	0.00
02 地下结构	**161876**	**2349**	**833372**	**19511**	**6639**	**13764**	**97964**	**12720**	**7765**	**44453**	**89155**	**1289568**	**3.38**
021 底板	161876	2349	50061	5772	6639	8334	28501	12720	7765	13503	26084	323602	0.85
022 基础开挖	0	0	540168	6528	0	2580	33001	0	0	14704	29964	626943	1.64
023 基础墙	0	0	243144	7212	0	2851	36463	0	0	16246	33107	339023	0.89
03 上部结构	**3669089**	**71868**	**565045**	**126688**	**150137**	**49375**	**643094**	**394263**	**175477**	**286764**	**584080**	**6715880**	**17.59**
031 楼板	3061066	63090	559974	107584	124899	42478	543668	346632	146456	241316	493588	5730750	15.01
032 屋面	470769	6785	0	14754	19581	5121	76706	36407	22433	35324	69862	757743	1.98
033 楼梯	137255	1993	5072	4351	5656	1776	22720	11224	6588	10123	20630	227387	0.60
04 外围结构	**3044315**	**44636**	**0**	**82038**	**124641**	**33079**	**419504**	**245603**	**146154**	**215846**	**382250**	**4738066**	**12.41**
041 外墙	1737392	25662	0	60690	71149	24519	316261	143429	83422	130616	287252	2880392	7.55
042 外墙以及外窗	1306923	18975	0	21348	53492	8560	103243	102174	62732	85230	94998	1857674	4.87
05 屋顶											**924**	**629876**	**1.65**
051 屋顶											324	629876	1.65
06 室内工程											**342**	**11583559**	**30.34**
061 隔断											760	3238606	8.48
062 室内装修											415	8107974	21.24
063 特殊装修											367	236978	0.62
07 传送系统											**034**	**1404055**	**3.68**
071 电梯											034	1404055	3.68
072 自动扶梯											0	0	0.00
08 电气											**281**	**7849311**	**20.56**
081 卫生管道工程											126	1866586	4.89
082 采暖通风与空调											116	4874772	12.77
083 消防											039	1107954	2.90
084 特殊机械											0	0	0.00
09 电气											**589**	**4220581**	**11.06**
091 电气设施以及配电											472	1114602	2.92
092 照明设施											943	1746816	4.58
093 专用电气系统	405466	3675	42064	14972	16120	11516	426713	185861	36900	102702	113174	1359163	3.56
10 常规费用以及利润	**2758962**	**32726**	**317874**	**119131**	**148392**	**59943**	**895886**	**312385**	**155324**	**400425**	**536595**	**5737643**	**15.03**
102 常规费用	1439101	17070	165806	62140	77403	31267	467302	162943	81018	208865	279893	2992809	7.84
104 管理费以及利润	1319861	15656	152068	56991	70990	28676	428583	149442	74305	191559	256702	2744834	7.19
11 设备	**201043**	**2919**	**5453**	**28065**	**193155**	**32703**	**1936629**	**15483**	**60092**	**701485**	**57567**	**3234595**	**8.47**
111 固定以及可移动设备	0	0	5453	0	184475	0	0	0					0.56
112 家具	201043	2919	0	28065	8680	32703	1936629	15483					7.91
113 特殊工程	0	0	0	0	0	0	0	0	0	0	0	0	0.00
12 场地工程	**1636036**	**24009**	**115677**	**89628**	**67640**	**35238**	**319133**	**127545**	**60310**	**175519**	**246712**	**2897446**	**7.59**
121 场地准备	61772	897	8435	4648	2529	1891	20326	4825	3108	11526	12916	132872	0.35
122 场地改进	1249451	18397	66796	57578	51831	22320	245573	97352	41611	135393	158809	2145111	5.62
123 场地设施	324814	4716	40446	27401	13279	11026	53234	25368	15590	28601	74987	619463	1.62
124 场外工程	0	0	0	0	0	0	0	0	0	0	0	0	0.00
总计	**24707747**	**297161**	**2686536**	**1056316**	**1313567**	**681161**	**7738915**	**2757769**	**1379500**	**3604916**	**4686459**	**50910047**	**133.36**

分目	1 标准 办公室	3 ST-1 普通仓储	4 ST-2 室内车场
03 上部结构	3669089	71868	565045
031 楼板	3061066	63090	559974
032 屋面	470769	6785	0
033 楼梯	137255	1993	5072
04 外围结构	3044315	44636	0
041 外墙	1737392	25662	0
042 外墙以及外窗	1306923	18975	0

50910047	133.36

图 5-13 GCCRG 成本规划案例

用UNIFORMAT进行评估的方法，这种评估可以显示每类空间类型对整体成本计划造成的影响，以及可作为设计过程起点的整体成本计划。图5-14简要说明了这一成本计划，并显示了怎样将核心、框架以及用户功能分开，并最终合并到一个评估中。

进行功能区域规划的固有难点之一是，对核心、表面的假设会因为工程不同而差异很大，即使是相同的建筑类型也是如此。此外，模式及模式的精确性极大地依赖于这些假设以及这些假设的伸缩性和灵敏度。当GSA回过头去对以往修建的联邦政府大楼进行审查和基准比对时发现，GCCRG的工程数据在很多情况下都比设施修建的费用低。在检查中发现，这些区别很多是由核心及表面建筑引起的，而不是租赁者导致的结果。以前的模式在预测核心及表面成本方面有很多极不完善的地方。因此，GSA对GCCRG方法进行了更新，将核心、框架与租赁者准备分开，分成预算过程中的两个独立步骤。最后，GSA将使用经过修改的功能区域法，其中核心、表面和租赁者准备是两个独立的要素。这一方法正在进一步完善过程中，预计将于2002年初投入使用。

也就是说整个方法就是一个将核心、框架以及用户功能中分离出来的过程。因此，准确定义什么内容属于核心、框架，什么内容属于用户功能是很必要的。目前尚无统一的业界标准。GSA将于2002年出版相关的标准指南。

(2) 评估价格浮动、市场因素和风险

第3章详细讨论了怎样对价格浮动、市场因素和其他与项目有关的风险进行评估。本章需要指出的是，处理这些问题是非常具有挑战性的，特别在想于实际施工工作开始前把初期预算编制好的情况下更是如此。

成本管理者可以从公开出版的信息中了解经济通货膨胀概况，并在此基础上预测浮动增加值。管理及预算办公室(OMB)就是其中一个信息来源。OMB向联邦机构提供预算方面的信息和趋势，包括潜在的通货膨胀或价格浮动。图5-15是一份2001年8月的报告摘要，其中从当年起对一些老的数据进行了更新，提出了预计发生的通货膨胀，以及国内

Hanscomb 公司

10/17/2001

建筑成本一览-合计

分　目	合　计		合　计		合　计	
	成本	单位面积成本	成本	单位面积成本	成本	单位面积成本
01　地基	0	0.00	700967	1.84	**700967**	**1.84**
02　基础	0	0.00	1483173	3.89	**1483173**	**3.89**
03　上部机构	0	0.00	7724144	20.23	**7724144**	**20.23**
04　围护结构	0	0.00	5449398	14.27	**5449398**	**14.27**
05　屋顶	0	0.00	724440	1.90	**724440**	**1.90**
06　内部结构	7802153	20.44	5417876	14.19	**13220029**	**34.63**
07　传送设施	0	0.00	1614847	4.23	**1614847**	**4.23**
08　机械	1387417	3.63	7640322	20.01	**9027739**	**23.65**
09　电气	2351971	6.16	2502251	6.55	**4854222**	**12.72**
10　常规费用和利润	2001360	5.24	4583916	12.01	**6585276**	**17.25**
11　设备	3371726	8.83	348483	0.91	**3720210**	**9.74**
12　场地	0	0.00	3332444	8.73	**3332444**	**8.73**
建筑总估价	**16914627**	**44.31**	**41522262**	**108.77**	**58436890**	**153.07**

图 5-14　GCCRG 的成本规划案例一览

经济预测[1]

（日历年度；单位为10亿美元）

	目前		预测									
	2000	**2001**	**2002**	**2003**	**2004**	**2005**	**2006**	**2007**	**2008**	**2009**	**2010**	**2011**
国内生产总值(GDP)：												
水平，单位：10亿美元												
现值	9963	10364	10937	11575	12228	1288[illegible]	13553	14[illegible]63	15009	15794	16619	17488
按1996年价格，当前为	9318	9474	9776	10122	10468	1080[illegible]	11133	11[illegible]76	11829	12194	12569	12956
物价指数(1996年=100)，年平均	107	109.5	111.9	114.3	116.8	119.[illegible]	121.7	12[illegible].3	126.9	129.5	132.2	135
百分比变化，第四季度同比增加：												
现值	5.8	4.2	6	5.8	5.5	5.2	5.2	5.2	5.2	5.2	5.2	5.2
按1996年价格，当前为	3.4	1.7	3.7	3.5	3.4	3.1	3.1	3.1	3.1	3.1	3.1	3.1
物价指数(1996年=100)	2.3	2.4	2.2	2.2	2.1	2.1	2.1	2.1	2.1	2.1	2.1	2.1
百分比变化，年同比增加：												
现值	7.1	4	5.5	5.8	5.6	5.3	5.2	5.2	5.2	5.2	5.2	5.2
按1996年价格，当前为	5	1.7	3.2	3.5	3.4	3.2	3.1	3.1	3.1	3.1	3.1	3.1
物价指数(1996年=100)	2.1	2.3	2.2	2.2	2.1	2.1	2.1	2.1	2.1	2.1	2.1	2.1
收入，单位：10亿美元												
税前总利润	926	796	969	1020	1104	1164	1182	1202	1224	1254	1291	1337
工资、薪水	4769	4989	5272	5621	5951	6270	6572	6888	7224	7589	7969	8370
其他应纳税收入[2]	2281	2372	2418	2507	2589	2693	2788	2887	2994	3107	3226	3326
消费者价格指数(均为城市价格指数)：[3]												
水平(1982～1984年=100)，年平均	172.3	178	182.7	187.4	192	196.8	201.8	206.8	212	217.3	222.7	228.3
百分比变化，第四季度同比增加：	3.4	3.2	2.6	2.5	25	2.5	2.5	2.5	2.5	2.5	2.5	2.5
失业率，居民，百分比：年度/百分比变比	**3.4**	**3.3**	**2.7**	**2.5**	**2.5**	**2.5**	**2.5**	**2.5**	**2.5**	**2.5**	**2.5**	**2.5**
第四季度水平	4	4.8	4.7	4.7	4.6	4.6	4.6	4.6	4.6	4.6	4.6	4.6
年平均	4	4.6	4.8	4.7	4.6	4.6	4.6	4.6	4.6	4.6	4.6	4.6
联邦工资增长率，1月，百分比：												
军[4]	4.8	3.7	4.6	3.9	3.9	3.9	3.9	3.9	3.9	3.9	3.9	3.9
民[5]	4.8	3.7	3.6	3.9	3.9	3.9	3.9	3.9	3.9	3.9	3.9	3.9

利率，百分比：												
91天政府公债[6]	5.8	3.8	3.9	4.3	4.3	4.3	4.3	4.3	4.3	4.3	4.3	4.3
10年期政府债券	6	5.2	5.2	5.2	5.2	5.2	5.2	5.2	5.2	5.2	5.2	5.2
附录：[7]												
国内生产总值(GDP)：												
水平，单位：：10亿美元												
现值	9873	10278	10846	11479	12126	12772	13440	14144	14884	15662	16481	17343
按1996年价格为	9224	9385	9685	10027	10370	10699	11028	11368	11719	12080	12451	12835
物价指数(1996年=100)，年平均	107	109.5	111.9	114.4	116.8	119.3	121.8	124.3	126.9	129.5	132.2	135
百分比变化，第四季度和第四季度的比较值：												
现值	5.3	4.2	6	5.8	5.5	5.2	5.2	5.2	5.2	5.2	5.2	5.2
按1996年价格为	2.8	1.8	3.7	3.5	3.4	3.1	3.1	3.1	3.1	3.1	3.1	3.1
物价指数(1996年=100)	2.4	2.4	2.2	2.2	2.1	2.1	2.1	2.1	2.1	2.1	2.1	2.1
百分比，不同年份的比较值：												
现值	6.5	4.1	5.5	5.8	5.6	5.3	5.2	5.2	5.2	5.2	5.2	5.2
按1996年价格为	4.1	1.7	3.2	3.5	3.4	3.2	3.1	3.1	31	3.1	3.1	3.1
物价指数(1996年=100)	**2.3**	**2.3**	**2.2**	**2.2**	**2.1**	**2.1**	**2.1**	**2.1**	**2.1**	**2.1**	**2.1**	**2.1**
收入，单位：10亿美元												
税前总利润	845	714	870	916	991	1045	1061	1079	1099	1125	1159	1200
工资、薪水	4837	5085	5374	5730	6066	6391	6699	7022	7363	7735	8123	8532
其他应纳税收入[2]	2236	2341	2387	2476	2558	2661	2755	2855	2961	3074	3193	3293

[1]数据来源截至2001年6月。
[2]租金、利息、红利及所有者权益等个人收入
[3]季节性调整的CPI，针对所有城市消费者
[4]用于基本支出的百分比；2002年进行的附加特殊等级调整；国防部长确定的住房供给和生活补贴的调整。
[5]总平均增长率，包括地域工资调整。
[6]一定时期内新事项的平均比率(以银行折扣为基础)。
[7]根据经济分析局2001年7月发布的GDP和国民收入历史数据调整。

图5-15 OMB预测摘录(2001年8月)

生产总值可能发生的变化。请注意截至 2001 年 8 月，对 2002 年的预计值中包含了 2.5%的通货膨胀年变化率。OMB 也想对一两年后通货膨胀是线性发展还是连续发展作出预测。在业界很少有人对一年以后的事情作出预测的情况下，这并不是什么奇怪的事。使用像 OMB 这样的信息来源至少可以为我们提供一个可靠的、经得起推敲的预测未来的基础和出发点。

提示

因为预测市场风险非常困难，成本管理者应当基于合理可靠的信息来源做出判断，并将这些假设形成清晰的文件。

预测市场风险是一个更为困难的问题，因为几乎在所有情况下，市场条件都在以一定的模式循环波动。因此，如果在经济繁荣的时期预测未来趋势，很难看出两三年后可能发生的经济下滑。每个成本管理者能够做的第一件也是最重要的一件事，就是将假设形成清晰的文件，并基于合理可靠的信息来源做出判断。

不幸的是，几乎所有的预测都可能出错，和实际情况不符，因而遭到事后诸葛们的抨击。这就是为什么把假设形成文件这项工作显得如此重要：预测准不准确并不重要，重要的是能够根据已知的情况变化对项目成本进行调整。有些业主在成本计划中设立市场风险一项以应对市场情况的变化，不失为一种可行的方法。读者可以回顾一下第 2 章，图 2-14 反映了 1982～2001 年间市场情况变化多端的过程：实际投标价格和“公平市场价值”之间的差距达到了 15%。如果预测市场情况会很稳定，留有 5%～10%的市场风险成本就略显谨慎。相反，如果市场从低靡状况回升，业主可能因此得到 15%的利润，并依据评估结果降低投标成本。这并不是说在这种情况下项目成本都应当减少 15%，最好是提前制定出合理的、操作性强的方案，一旦市场情况变化，投标价格合意，业主就能处于优势。

对于非常复杂的项目或规划，最好进行正式的项目风险分析，这种分析是包括市场风险分析在内的全方位评估。市场波动的风险只是这种全方位评估以及风险评定的一方面(参见第 3 章关于风险分析及全方位评估的内容)。不管用什么方式，准备几套对项目没有负面影响的备选方案是一种谨慎的办法。一旦入选方案从项目一开始被作为整个设计过程的一部分，就能有效融入设计过程中，并随最低限度的风险进行正确调整。经验表明，如果在设计阶段没有提前考虑可能发生的大规模变化，而是在变化发生后才采取相应对策，会导致协调方面的问题：成本增高，进度延迟，更不用说那些极有可能出现的代价昂贵、纠纷不断的变更命令了。

3. 价值规划

在计划和规划结束时进行建筑工程学研究是必要和可行的。建筑工程学研究通常被称作价值规划，其目的是研究一些基本变化及其对预算、建造内容和需求的影响，并做出有根据的调整。包括海军设备工程司令部（NAVFAC）在内的一些机构，认为这一研究是达到协调统一的重要步骤，并为设计队伍指明了最终的方向。把这一步当作计划和规划阶段的最后一步还是设计阶段的第一步无关紧要。功能分析概念开发（FACD）是为海军设备工程司令部研制的程序。该程序应用于海军设备工程司令部的各项工程中，作为早期设计阶段的一部分内容，并特别应用于设计一施工一体化项目中，为这些项目的招标意向书。

4. 基准比对

不论作为价值计划过程中的一个输入项，还是一个独立的活动，基准比对在初期预算过程中都是非常有价值的，这是一种验证计划和规划有效性的方法。基准比对可以是对相似设备进行简单的比较，也可以是一种对项目规划，以及和其他项目相关的预期成本进行的全面的审查和评估。基准比对的另一个附带的优点是，和其他项目建立起来的这种积极的关联关系可以增强项目实际财务控制者的信心。例如，在联邦建设项目通过国会审批后，经常进行基准比对，这种比对或者通过独立的机构进行，或者通过像 GAO（总审计局）这样的机构进行。无论如何，进行比对的目的是审查项目预算是否合理、适当，并经得起推敲。

提示
对于非常复杂的项目或规划，最好进行正式的项目风险分析，这种分析是包括市场风险分析在内的全方位评估。

四、在设计过程中进行成本管理

一旦进入设计程序，建造内容、需求和预算也得以确定，设计过程就应该正式开始了。

1. 将预算转化为成本计划

让我们回顾一下图 5-1 和图 5-1(a)，启动设计程序的关键一点是在计划和规划结束后随之制定一份全面的成本计划。成本计划将预算按比例分配到不同的专业中，每一专业都有明确的范围说明和相应的预算。除了成本，还要定义一系列参数，以共同确定每一专业的范围，并为过程跟踪和评估做好准备。例如，结构设计可能被评定成一组目标数字，标明每平方英尺需要的钢铁磅数(假定是以钢铁为基础的设计)，这一数字和活荷载、跨度以及其他结构性要素，如地震条件和抗爆需求是一致的。成本计划是项目过程中基本的成本管理工具。

以一栋综合公寓楼为例，初期预算目标已被转化为成本计划，整体预算被分为不同的专业，并确定了一系列参数以指导最终设计(见图 5-16)。选定的要素包括：

- 总面积达到 53780 平方英尺
- 总围护面积达到 28000 平方英尺
- 采暖通风与空调成本达到 365000 美元
- 电气设备成本达到 615000 美元
- 或有费用达到 10%
- 价格浮动因素达到 5%(单独计算，不列入整体成本)。

在这个例子中，我们假设市场情况保持良好，建设工期为八个月。(本章有关设计一节将展开介绍这个例子)

再强调一下，成本计划的目的是在设计正式开始之前对各项假定进行沟通和协调，以保证各专业的员工对各自的任务有清晰的了解。此外，应当把这些假定记录在案，为日后进行比较做好准备。

2. 进行概念性和示意性设计阶段成本管理

项目的概念性和示意性设计阶段是指初期设计已经开始，形状、外形和体量已经确定，建筑系统和材料也已选定的阶段。

概念性和示意性设计阶段的主要工作步骤如下：

建筑成本一览

项目说明：公寓　成本规划		投标日期：	1/2002
项目类型：公寓		工期(月)：	8
总建筑面积：(GSF)	53783	市场情况：	好

系统/分部说明	UNIFORMAT 参考	总成本	单位面积成本	占建筑百分比%	计量对象	分项分析 单位	数值	成本/单位
建筑		b	b/总面积	b/27			c	b/c
1 地基	(A10)	240137	4.46	5.3%	建筑占地面积	平方英尺	19103	12.57
2 标准地基	(A1010)	113356	2.11	2.5%	建筑占地面积	平方英尺	19103	5.93
3 其他地基	(A1020)	—	—	0.0%	建筑占地面积	平方英尺	19103	—
4 地基底板	(A1030)	126781	2.36	2.8%	建筑占地面积	平方英尺	19103	6.64
5 基础	(A20)	—	—	0.0%	建筑占地面积	平方英尺	19103	—
6 基础小计	(A)	240137	4.46	5.3%	建筑占地面积	平方英尺	19103	12.57
7 上部结构	(B10)	488315	9.08	10.7%	总建筑面积	平方英尺	53783	9.08
8 外围结构	(B20)	517563	9.62	11.3%	外围面积	平方英尺	28213	18.34
9 屋面工程	(B30)	203544	3.78	4.5%	屋面表面积	平方英尺	22733	8.95
10 框架小计	(B)	1209421	22.49	26.4%	总建筑面积	平方英尺	53783	22.49
11 室内	(C10)	892023	16.59	19.5%	总建筑面积	平方英尺	53783	16.59
12 楼梯	(C20)	17129	0.32	0.4%	总建筑面积	平方英尺	53783	0.32
13 室内装修	(C30)	382936	7.12	8.4%	总建筑面积	平方英尺	53783	7.12
14 室内工程小计	(C)	1292089	24.02	28.2%	总建筑面积	平方英尺	53783	24.02
15 传送系统	(D10)	100941	1.88	2.2%	总台数	每项	3	33647
16 卫生设施	(D20)	585757	10.89	12.8%	总数	每项	296	1979
17 采暖与通风空调	(D30)	367641	6.84	8.0%	吨(或热量单位/小时)	每项	90	4085
18 消防	(D40)	161911	3.01	3.5%	消防区	平方英尺	53783	3.01
19 电气	(D50)	615904	11.45	13.5%	总建筑面积	平方英尺	53783	11.45
20 电气设施 & 配电系统	(D5010)	190912	3.55	4.2%	接入千瓦数	千瓦	269	710
21 照明 & 布线	(D5020)	309983	5.76	6.8%	总建筑面积	平方英尺	53783	5.76
22 通信 & 安全	(D5030)	82149	1.53	1.8%	总建筑面积	平方英尺	53783	1.53
23 其他电气系统	(D5040)	32860	0.61	0.7%	总建筑面积	平方英尺	53783	0.61
24 室内设施小计	(D)	1832154	34.07	40.1%	总建筑面积	平方英尺	53783	34.07
25 设备及陈设小计	(E)	—	—	0.0%	总建筑面积	平方英尺	53783	—
26 特殊工程 & 拆除小计	(F)	—	—	0.0%	总建筑面积	平方英尺	53783	—
27 **建筑总计**		$4573801	$85.04	100.0%	居住单位	每项	95	$48145
28 **场地工程 & 市政设施**								
29 场地准备	(G10)	85395	1.59	1.9%	总场地面积	平方英尺	85500	1.00
30 场地改善	(G20)	318971	5.93	7.0%	总场地面积	平方英尺	85500	3.73
31 场地机械设施	(G30)	102394	1.90	2.2%	总场地面积	平方英尺	85500	1.20
32 场地电气设施	(G40)	7402	0.14	0.2%	总场地面积	平方英尺	85500	0.09
33 其他场地临建	(G50)	—	—	0.0%	总场地面积	平方英尺	85500	—
34 **场地工程 & 市政设施总计**	(G)	514163	9.56	11.2%	总场地面积	平方英尺	85500	6.01
35 常规费用、管理费以及利润@	11.0%	559676	10.41	12.2%				
36 **当前总体成本**		$5647640	$105.01	123.5%	居住单位	每项	95	$59449
37 或有费用　@	10.0%	564764	10.50	12.3%				
38 价格浮动　@		—	—	0.0%				
39								
40 **预计总体成本**		$6212404	$115.51	135.8%	居住单位	每项	95	$65394

参数		单位	数值
1	总建筑面积	平方英尺	53783
2	占地面积	平方英尺	19103
3	总外围面积	平方英尺	28213
4	门窗率	%	11%
5	屋面表面积	平方英尺	22733
6	传送设施总台数	台	3
7	吨(或热量单位/小时)	t	90
8	卫生设施总数	每项	296
9	消防区域面积	平方英尺	53783
10	接入千瓦数	kW	269
11	居住单位	每项	95
12	平均层高	英尺	9
13	总场地面积	平方英尺	85500

区域分析	区域(平方英尺)
基础	—
地板	19103
楼板	34680
阁楼	
其他区域	—
总房屋面积	53783

图 5-16　公寓项目成本规划案例

名词解释

为方便讨论，我们所称的概念设计是指设计的最初阶段，一般是指对各种设计方案进行选择。示意设计在这里是指基本方案确定以后的设计阶段。概念设计和示意设计的区别在于，概念性阶段可能会考虑好几个方案，而示意性阶段一般只以一个方案为基础。

(1) 随时征求意见。在初期设计开始及整个做出决策的过程中，征询和成本有关的意见是很重要的。征求意见的内容应当突出主要问题，并有助于决定是否需要另行聘请专家对成本方面的关键要素进行评估。

(2) 进行重要阶段性评估。在概念设计完成后(假设将多种概念纳入考虑范围)，或在选定了基本概念，并完成了示意性设计后，应当进行一次重要阶段性评估。该评估的目的是确定示意性设计的整体成本，并核查分配到每个专业中的各要素和系统的成本。

(3) 评估市场情况，或有费用，以及价格浮动。应当进行市场情况评估，以预测项目投标或定价当时的市场情况，同时，应当评估或有费用、价格浮动以及任何已知主要风险所可能造成的影响。图 5-17 所示是 GSA 市场调查要求和最新指南。让设计队伍参与市场评估，对所定假设进行验证是非常重要的。设计队伍不应当期望评估人或成本管理者会了解设计的所有问题。

(4) 修订成本计划。在每个专业的主要参数及其各自的成本分配额已经确定的情况下，在最终评估中还会对这些参数进行更为详细的规定。这实际上是对成本计划或成本模式进行的一次修订，对以往所有评估情况进行的汇集和总结，同时也是将当前计划和先前计划进行的一次比较，以评估当前计划的状况和相对先前计划有所改进的地方。

(5) 进行价值工程学研究。作为成本管理整体过程的一个组成部分，本书强烈推荐在示意性设计阶段结束或将要结束的时候进行价值工程学研究。研究的目的是评估相关基本概念，审查已经确定的主要系统方案。价值工程学研究是成本计划最终修订过程中的重要内容，也是为作好下一阶段的设计工作而对成本计划进行最后完善的重要内容。

11. 应用。对ECCA预计超过1000万美元的所有项目，其设计规划文件中都可能包括对应用的要求。应当进行市场调查，以检验项目单位成本是否适当，并确保项目交付设想中材料和人工的需要量是合理的。

12. 调查方式。A-E应当进行现场视察及地方市调查，以确定以下内容：

○ 项目主要材料的可供应量

○ 地方建造商、预制厂、混凝土厂的生产能力

○ 项目所需技工的可供应量

○ 特殊吊装设备的可供应量

○ 竞标期间地方承包商的预计生产能力

○ 可能影响竞标的特殊情况

○ 地方成本浮动经验预测

○ 现场

13. 报告内容。提交书面报告(市场调查)，内容包括：

○ 调查对象

○ 调查对象住址，和现场的位置关系

○ 调查时间

○ 调查原由

○ 所获信息

○ 对汇总情况提出具体建议

14. 进度安排。调查必须在设计完善阶段之前进行(试验性的)，以保证A-E有足够的时间对设计、竞标方案、变更建设进度安排或期他任何保证项目可行性的事项进行解释或修改。

图 5-17　GSA市场调查必要条件摘录

(6) 计算寿命周期成本和可承受度。将资本成本纳入考虑范围的必要性是不言而喻的；在任何过程中，这都是不可缺少的一步。但想要在现今条件下获得成功，在设计过程中将寿命周期成本和可承受度纳入考虑范围也很必要。这并不需要什么深入的分析，尤其在概念性或示意性设计阶段更是如此，但显而易见的是，对于任何即将做出的决策，都应当考虑其对寿命周期成本产生的影响。图5-18中所示是以费城国家公园服务计划中一栋商业汇兑大楼为例所作的分析，通过该分析要决定老的结构是否还可以改造和再利用，或者必须开发新的土地。分析表明，老结构改造和再利用要花钱，将旧楼内的设备卖给私人也需要耗费一定成本，另外，改变后的租赁率

寿命周期成本分析 通用工作表			备选 1 更新改造设施		备选 2 从 GSA 租赁		备选 3 重新改造房间	
研究标题：房屋租赁分析-政府办公楼			成本估价	现值	成本估价	现值	成本估价	现值
贴现率：6.3%　　日期：1/28/1998								
寿命周期(年)30								
初始成本/间接成本								
初始成本/间接成本　A. MEB 工程								
B. 清除危险材料 & 修复结构			5509000	5509000	5509000	5509000	5509000	5509000
C. 文物保护			2255258	2255258				
D. 基本规划需求			6930742	6930742				
E. 租赁区域—内部设施—基本规划需求					500000	500000		
F. 沿用原有建筑(3 栋楼)								
G. 清除危险材料 & 修复结构			2490000	2490000	2490000	2490000	2490000	2490000
H. 文物保护							1170000	1170000
I. 基本规划需求—建造成本，税金，管理费 & 监督费							8610000	8610000
J. —房间变更成本							1450000	1450000
总计　初始成本/间接成本			$ 17185000	$ 17185000	$ 8499000	$ 8499000	$ 19229000	$ 19229000
差别						$ 8686000		($ 2044000)
更新/修理(单一支出)	年	现值因数						
更新/修理成本　A. 主体更新	10	0.543	358750	194742			323000	175336
B. 主体更新	15	0.400	717500	286961			646000	258365
C. 主体更新	20	0.295	861000	253710			775200	228428
D. 主体更新	25	0.217	1076250	233658			969000	210374
E.								
F.								
G.								
H.								
I.								
J.								
总计更新/修理成本				$ 969072				$ 872502

	年度费用 A. 使用面积单位租赁成本	价格浮动指数	现值因数						
年度费用	B. 27000 使用面积@ $ 26.256	2.7%	18.380			708840	13028274		
	C. 运行维护成本								
	D. 30000 使用面积@ $ 5.00	2%	16.848	150000	2527207				
	E.								
	F. 30000 使用面积@ $ 4.43	2%	16.848					132900	2239106
	G. 等于 28 年								
	H.								
	I.								
	J.								
	总计 年度费用			$ 150000	$ 2527207	$ 708840	$ 13028274	$ 132900	$ 2239106
寿命周期成本	寿命周期总成本(现值)				$ 20681279		$ 21527274		$ 22340608
	寿命周期成本现值差值						($ 845996)		($ 1659329)
	回报贴现(备选方案 2，3，4 比备选方案 1)						12.2		70.9
	寿命周期总成本一年金			每年:	$ 1551016	每年:	$ 1614462	每年:	$ 1675459

图 5-18 项目适宜设计阶段的寿命周期成本

也比在经改造的房屋的同等租赁率高得多。因此，最后决定对商业汇兑大楼进行改造，该决定后来在国会审查时得到肯定。

(7) 进行基准比对。根据计划和规划进行基准比对是成本管理过程和价值工程学研究的基本内容。通过基准比对，我们能判断现行评估和整体成本管理方法的有效性。基准比对的程度可以很具体，和项目范围、规模以及基准法本身的临界性相适应，对那些相当重要的大工程来说，如联邦法院，进行基准比对是一项重要内容。图 5-19 所示为 GSA 近期进行的一次基准比对。从表中数据可以看出供研究的信息数量和比对的程度。

在概念性和示意性设计阶段进行成本管理，可以及时更新每个专业的成本计划、预算和目标参数。通常，对各专业的预算进行严格比较和调整以保持整体预算和系统间适宜平衡是非常重要的。这是一个困难的充满争议的过程，但对将工程保持在预算范围内并满足重大需求具有重要作用。

3. 进行设计完善阶段成本管理

项目设计完善阶段［见图 5-1(c)］涉及的内容是完善示意性设计，并进一步为多数主要建筑系统确定设计要素。设计完善是设计过程中对相关要素进行重大改变而不会引起工程延误或增加再设计成本的最后机会。这一阶段进行的改变一般涉及到示意性设计中已经确定的形状、外形、以及体量，方法是对每个建筑系统的具体设计步骤进行调整。

进行设计完善的步骤和示意性设计过程的步骤非常相似，其主要区别是：程度更加具体，因为这一过程中获得的信息更多；决策的关注范围更窄，趋向于更为关注每个独立的专业。具体步骤如下：

(1) 随时征求意见。在整个设计完善阶段随时征询和决策相关的意见同样很重要。这一阶段涉及的问题更具体，需要作出的决策更多，时间要求更紧。有时候，在示意性设计阶段作出的一般性决策到了这一阶段会变得更加明确具体。在这一阶

基准比对分析表 5.4-5.6

项目：联邦法庭 1　　　　日期：12/1998

表 4.3b&5.1.a 联邦法庭正常成本摘要	联邦法庭 1			联邦法庭 2			联邦法庭 3		
	建筑成本	总面积(总面积)	$/平方英尺	建筑成本	总面积(总面积)	$/平方英尺	建筑成本	总面积(总面积)	$/平方英尺
标准成本(含价格浮动和地区因数)	$76295000	633.197 平方英尺	$120.49/总面积	$36948000	239701 平方英尺	$154.14/总面积	$57299000	404277 平方英尺	$141.73/总面积
标准成本(含停车场)	$76295000			$36948000			$57299000		
总建筑面积(含停车场)		633197 平方英尺			239701 总面积			404277 总面积	
使用面积测量			502758 使用面积			205152 使用面积			314103 使用面积
停车场标准成本	($5579000)			($2526000)			($4654000)		
停车场总建筑面积测量		174698 平方英尺			45678 总面积			159021 总面积	
停车场总使用面积测量			138710 使用面积			39146 使用面积			126899 使用面积
标准成本(无停车场)	$70716000	458499 总面积	$154.23/总面积	$34422000	194023 总面积	$177.41/总面积	$52645000	245256 总面积	$214.65/总面积
表 5.4.a 原标书所示审判庭									
联邦地方法院：正式		1 间			1 间			1 间	
联邦地方法院：标准		4 间			3 间			2 间	
联邦地方法院：标准		2 间			1 间			0 间	
联邦地方法院：标准		3 间			0 间			2 间	
联邦地方法院：标准		1 间			1 间			2 间	
原标书所示审判庭合计		11 间			6 间			7 间	
标准成本(无停车场)	$70716000			$34422000			$52645000		
成本/审判庭		$6429000/审判庭			$5737000/审判庭			$7521000/审判庭	
表 5.4.b 最多可建审判庭									
审判庭扩充总计		9 间			4 间			3 间	
审判庭设施成本按 10/1/1997 定价	$4500000			$2000000			$1500000		
审判庭最大容量		20 间			10 间			10 间	
按 10/1997 价格审判庭成本($)	$75216000			$36422000			$54145000		
(无停车场)									
成本/审判庭		$3761000/审判庭			$3642000/间			$5415000/间	
表 5.6.a 项目面积成本分配	使用面积	使用面积百分比 无停车场	总面积	使用面积	使用面积百分比 无停车场	总面积	使用面积	使用面积百分比 无停车场	总面积
标准使用面积合计	502758 使用面积		633197 总面积	205152 使用面积		239701 总面积	314103 使用面积		404277 总面积
标准停车场使用面积合计	138710 使用面积		174698 总面积	39146 使用面积		45678 总面积	126899 使用面积		159021 总面积
总使用面积无停车场	364048 使用面积		458499 总面积	166006 使用面积		194023 总面积	187204 使用面积		245256 总面积
法庭/审判庭(11，14&15 级)	53848 使用面积	15%	67819 总面积	29160 使用面积	18%	34081 总面积	25500 使用面积	14%	33408 总面积
司法办公室(2 级)	189137 使用面积	52%	238208 总面积	91532 使用面积	55%	106980 总面积	105651 使用面积	56%	138413 总面积
普通办公室(1 级)	0 使用面积	0%	0 总面积	0 使用面积	0%	0 总面积	0 使用面积	0%	0 总面积
其他	121063 使用面积	33%	152473 总面积	45314 使用面积	27%	52962 总面积	56053 使用面积	30%	73435 总面积
表 5.7.b 标准项目成本分配最大可建审判庭	建筑成本及面积	总面积	$/平方英尺	建筑成本及面积	总面积	$/平方英尺	建筑成本及面积	总面积	$/平方英尺
标准成本无停车场	$80346000		$126.89/总面积	$38767000		$161.73/总面积	$58631000		$145.03/总面积
总建筑面积合计	633197 总面积			0 总面积			0 总面积		
标准停车场成本	$5579000		$31.94/总面积	$2526000		$55.30/总面积	$4654000		$29.27/总面积
法庭/审判庭成本	$25458000	123307 总面积	$206.46/总面积	$12971000	56802 总面积	$228.35/总面积	$13078000	47725 总面积	$274.03/总面积
司法办公室成本	$24386000	182720 总面积	$133.46/总面积	$12500000	84259 总面积	$148.35/总面积	$22465000	124096 总面积	$181.03/总面积
其他办公室	$24923000	152473 总面积	$163.46/总面积	$10770000	52962 总面积	$203.35/总面积	$18434000	73435 总面积	$251.03/总面积

图 5-19　联邦法庭成本详细比照实例

段应当注意将决策涉及的事项记录在案，并将记录工作所带来的后果也记录下来。图 5-20 是一张表，可用于记录和反映成本分析所涉及的事项。

<table>
<tr><td colspan="2">价值增强设计</td><td colspan="2" align="right">设计调查表</td></tr>
<tr><td colspan="4" align="center">分项编号：</td></tr>
<tr><td colspan="2">项目：</td><td colspan="2">系统：</td></tr>
<tr><td colspan="2">所在地：
客户：
日期：</td><td colspan="2">分项：</td></tr>
<tr><td colspan="4">步骤 1-定义问题/想法

考虑中的问题：

当前使用的方法/设计：

考虑中的选项：</td></tr>
<tr><td colspan="4">步骤 2-调查、分析及对成本的影响

建议：

优点：

缺点：</td></tr>
<tr><td>对成本的影响：
(对照建议方法与现在使用的方法＋节约成本(－)增加成本</td><td>最初成本
$</td><td>未来运营 &
维护费用现值 $</td><td>寿命周期
总成本 $</td></tr>
<tr><td></td><td></td><td></td><td></td></tr>
<tr><td colspan="2">步骤 3：状态 & 批准
□调查中
□建议提交
到期：__________</td><td colspan="2">业主反应：
□接受
□拒绝/待定
批准日期：__________</td></tr>
</table>

图 5-20　成本追踪样表

（2）重要阶段进行评估。在设计完善阶段结束时进行一次重要阶段性评估是整个成本管理过程中的重要步骤。如果评估出现错误需要调整，任何重大改变都会影响进度或对预算造成重大影响。评估的目的是验证预算内容，以及分配到每个专业中的因素和系统的成本。图 5-21 所示为 GSA 一个近期工程的成本计划比较。请注意其设计完善阶段(GSA 称为试验性设计阶段)包括对两次评估的协调，一次评估是设计方作出的评估，另一次是 GSA 雇用的项目经理作出的评估。设计完善阶段还首次为使用 UNIFORMAT 和 MASTERFOURMAT 为评估作准备提供了机会。

（3）评估市场情况，或有费用以及价格浮动。如果在示意性设计阶段已经为市场调查作好准备，那么这一阶段就应当注意进行最新的市场情况调查；如果上一阶段没有市场调查的准备，那么在这一阶段就应当马上进行调查。审查或有费用以及价格浮动，以及任何已知主要风险可能造成的影响也很重要。设计队伍应当参与评估过程，验证在设计完善阶段没有作详细规定的所有系统设定。

（4）修订成本计划。最终评估将详细规定每个专业的主要参数值，以及它们各自的成本分配额。这需要有一份经过修订的成本计划或成本模式，收集并总结所有的评估情况，和先前成本计划进行比较，以评估当前计划的状况和比之先前计划有所改进的地方。但是，需要始终注意的是，在这一阶段，可以作出的调整是有限的。

（5）进行价值工程学研究。作为成本管理整体过程的一个组成部分，本书强烈推荐在设计完善阶段结束或将要结束的时候进行第二次价值工程学研究。此次研究的目的是评估已知主要系统方案。图 5-22 和图 5-23 所示为近期美国大使馆的一项工程，在该工程中，价值工程学研究人员建议采用一种耐久性更强的外墙材料，而不是原设计中拟采用的泥灰系统。图 5-23 还包括了对工程的寿命周期成本分析，通过验证寿命周期性能的提高，来证明选择耐久性更强的材料是正确的。在这个例子里，还有一笔附加的初期资本成本投资，计划用 6

项目：政府机构　　　　　　　　　　　　　　　　　　项目编号：GS

所在地：费城，宾夕法尼亚州　　　　　　　　　　　　估价师：HANSCOMB公司

工程费用 (ECCA) (二级)(Level 2)		概念预算		暂定预算 1			
		估价师-1 日期：05/14/1996	%	估价师-1 日期：09/17/1997	%	项目管理-1 日期：09/18/1997	%
01　地基		1035312	2%	1257759	3%	1725240	3%
02　基础		2722423	6%	2070874	4%	2522385	5%
03　上部结构		9392566	22%	108[illegible]8279	22%	9447036	18%
04　围护结构		3020809	7%	30[illegible]4912	6%	4779887	9%
05　屋面		1277017	3%	9[illegible]7389	2%	992538	2%
06　室内工程		5771909	13%	89[illegible]5814	18%	9914397	19%
07　传送系统		618000	1%	6[illegible]8500	1%	381000	1%
08　机械		7974592	18%	9382697	19%	9792370	19%
09　电气		4910362	11%	6354995	13%	6295981	12%
10　常规费用 & 利润		4907988	11%	4573893	9%	4331174	8%
11　设备		1094374	3%	1003490	2%	1120782	2%
12　场地工程/拆迁清除危险品		683800	2%	1183258	2%	1545970	3%
计划合同日期　1999年7月 小计		43409152		50286860		52848760	
设计或有费用		6511373	15%	5028686	10%	2642438	5%
计划期间的价格浮动合同日期		2660764	6%	1508606	3%	3329467	6%
递增成本		52581289		56824152		58820665	
目标成本(ECCA)	56340000						
目标成本价差							
单位面积成本	$126.56/平方英尺	$121.80/平方英尺		$125.51/平方英尺		$131.82/平方英尺	
单位面积(平方米)成本	$1362/m²	$1310/m²		$1350/m²		$1418/m²	
总房屋面积	41361m²	40130m²		420[illegible]m²		41479m²	
总房屋面积	445174平方英尺	431719平方英尺		452729平方英尺		446231平方英尺	

图 5-21　成本计划更新范例

<table>
<tr><td>开发阶段</td><td>价值工程建议</td></tr>
<tr><td colspan="2">建议编号 No. AS-18</td></tr>
<tr><td>项目：新办公楼</td><td>体系：建筑学</td></tr>
<tr><td>地址：海外</td><td rowspan="3">事项：考虑在新办公楼东南西北的墙面使用新型装饰材料</td></tr>
<tr><td>客户：美国政府部门</td></tr>
<tr><td>日期：2000 年 4 月 18 日～21 日</td></tr>
<tr><td colspan="2">原设计：
新办公楼北墙立面(59m 宽×23m 高)用涂饰灰泥作装饰(不含水磨石层)。
部分东墙和西墙立面(各 17m 宽×23m 高)用涂饰灰泥作装饰(不含水磨石层)。
提议设计：
・在建筑主立面用石镶砌板代替涂饰灰泥。
[备选方案：如果当地工艺许可，可使用建筑饰面混凝土]
优点：
・该外装饰与美国大使馆的外形保持一致。
・该材料维护费用低；无需同灰泥涂饰一样需要定期修补和涂刷
缺点：
・最初成本较高；可能会影响项目的实施进度。
讨论/确认：
问题：代表性的外形；维护性；寿命周期成本。
固定基地运营商的目的是使建筑具有代表性。尽管涂饰灰泥作装饰在该海外基地一带是很常用的装饰材料，但是否这种材料适合在最高的建筑立面大面积的复合使用仍是一个问题。
另一个问题就是在经常有冻融气候的地区，使用涂饰灰泥装饰的可维护性(寿命周期成本)。尽管涂饰灰泥作装饰在该海外基地一带是很常用的装饰材料，但是它仍然需要周期性的修补和涂刷。虽然在该地区的私人项目中可以接受这种重复的维护，但如果在新办公楼中使用这种装饰，日常办公势必要受到这种重复性维护工作的影响。
下面附上了七年更新和十年更新两种方案的寿命周期成本分析。七年的方案显示偿付期为 5.8 年，十年期的方案显示偿付期为 10.6 年。对此要作出精确的决定是比较困难的，但是寿命周期成本分析无疑对固定基地运营商在价值工程的判断中起到一定的帮助作用。</td></tr>
</table>

寿命周期成本汇总	成本 & 节省费用(现值)		
	最初成本	运营 & 维护费用	寿命周期成本总计
原设计	530000		
提议设计	1327000		
节省费用	(796000)		

图 5-22　美国大使馆项目价值工程提案

年时间收回。分析结果显示，泥灰墙的使用期为 10 年，虽然从寿命周期性能的角度看也不错，但其投资回报周期却较长。在设计完善阶段，特别是改建工程的设计完善阶段，还应当考虑可构造性方面的问题。

寿命周期成本——般工作表
海外新办公楼

研究标题：灰泥与石材比较(AS-18)

贴现率：6.0%　　日期：2000 年 4 月 24 日

寿命周期(年)　30

	项目	发生周期(年)	通货膨胀/价格浮动	现值因数	外墙使用灰泥(周期为 7 年) 成本估价	外墙使用灰泥(周期为 7 年) 现值	石材外墙 成本估价	石材外墙 现值
初始/间接成本	**初始/间接成本**							
	A. 北墙 灰泥 $224 1350m²				302400	302400		
	B. 东墙 灰泥 $224 480m²				107520	107520		
	C. 西墙 灰泥 $224 540m²				120960	120960		
	D. 北墙 石材 $560 1350m²						756000	756000
	E. 东墙 石材 $560 480m²						268800	268800
	F. 西墙 石材 $560 540m²						302400	302400
	G.							
	H. 墙体 总面积=2370m²							
	I.							
	J.							
	初始/间接成本				$530880	$530880	$1327200	$1327200
	差别							($796320)
更新/修理成本	**更新/修理**(单一成本)	发生周期(年)	通货膨胀/价格浮动	现值因数				
	A. 灰泥更新	7	2%	2.134	743232	1586047		
	B. 灰泥修理/重新装修	4	2%	3.964	51002	202191		
	C. 石材表面清理	10	2%	1.144			30601	35008
	D.							
	E.							
	F.							
	G.							
	H.							
	I.							
	J.							
	更新/修理成本合计					$1788238		$35008
年成本	**年成本**		通货膨胀/价格浮动	现值因数				
	A. 年维护费用		2%	17.458	6120	106847	2040	35616
	B.							
	C.							
	D.							
	E.							
	F.							
	G.							
	H.							
	I.							
	J.							
	年成本合计				$6120	$106847	$2040	$35616
	更新/修理+年成本(现值)					$1895085		$70624
寿命周期成本	**寿命周期成本总计**(现值)					$2425965		$1397824
	寿命周期成本现值差值							$1028141
	回收-单利贴现(成本/年金节省)							6.0 年
	回收复利贴现(成本/年金节省)							7.7 年
	寿命周期成本总计一年金				每年	$176244	每年	$101550

图 5-23　美国大使馆价值工程寿命周期成本分析

(6) 计算寿命周期成本或可承受度。通过计算寿命周期成本和可承受度，设计完善阶段为进一步改进相关决策提供了绝佳机会。特别重要的是，应当验证设计中是否包含了必须达到美国绿色建筑委员会(USGBC)能源 & 环境设计(LEED)等级要求的内容。如果有，则需验证该等级要求是否为青铜级、白银级、黄金级或铂金级。研究表明，达到这些等级要求对项目成本有潜在影响，特别是在白银级之上时。关于LEED体系及其认证程序，等级系统和项目检查单等更多的信息可从 www. usgbc. org/pro-grams/leed-frames. htm 获得。

(7) 进行基准比对。基准比对是整个成本管理的重要辅助手段。在设计阶段，通过基准比对，能对整个项目的耐久性进行交叉检查，还能对各项目分部进行评估。例如，作为一种验证机械设计的手段，可以检查其他类似实验室的机械系统成本，和设计中的研究实验室机械系统进行比对。对那些比较容易测量且和成本没有直接联系的主要参数而言，进行基准比对也是可行而且有益的。例如，这个实验室可以和正在被研究的实验室进行建筑面积每平方英尺管道系统磅数的基准比对。通过这种和其他类似项目进行比对的方法，可以判断设计是否合理，如果有差异，也可以解释差异产生的原因。关键的一点是，基准比对可以是参数验证，也可以是成本比较。

在设计完善阶段进行成本管理的结果是每个专业的成本计划，预算及参数目标都得到及时更新。同样，对每个专业的预算进行严格比较和调整以保持整体预算和系统间适宜平衡也十分必要。但是，相对于示意性设计阶段而言，这一阶段的工作难度更大，更具有争议性。其原因是系统设计更为先进，改变更难以实施。但是，将工程控制在预算范围内并保证其持续符合业主需求是极其重要的。

图 5-24 所示为前文举过的公寓的例子，但其成本计划是在设计完善评估的基础上经过更新的。图中显示，整体成本增加了约 100 万美元，或增加了约 15%。显然，这是一种不能被接受的状况，因为该项目的财务可行性是以租赁和出租

建筑成本一览

项目说明：公寓　成本规划		投标日期：	1/2002
项目类型：公寓		工期(月)：	9
总建筑面积：(GSF)	54859	市场情况：	好

系统/分部说明	UNIFORMAT 参考	总成本	单位面积成本	占建筑百分比%	计量对象	分项分析 单位	数值	成本/单位
建筑		b	b/总面积	b/27			c	b/c
1 地基	(A10)	264280	4.82	4.9%	建筑占地面积	平方英尺	19485	13.56
2 标准地基	(A1010)	124815	2.28	2.3%	建筑占地面积	平方英尺	19485	6.41
3 其他地基	(A1020)	—	—	0.0%	建筑占地面积	平方英尺	19485	—
4 地基底板	(A1030)	139465	2.54	2.6%	建筑占地面积	平方英尺	19485	7.16
5 基础	(A20)	—	—	0.0%	建筑占地面积	平方英尺	19485	—
6 基础小计	(A)	264280	4.82	4.9%	建筑占地面积	平方英尺	19485	13.56
7 上部结构	(B10)	537672	9.80	10.0%	总建筑面积	平方英尺	54859	9.80
8 外围结构	(B20)	805117	14.68	15.0%	外围面积	平方英尺	36437	22.10
9 屋面工程	(B30)	224273	4.09	4.2%	屋面表面积	平方英尺	23188	9.67
10 框架小计	(B)	1567062	28.57	29.2%	总建筑面积	平方英尺	54859	28.57
11 室内	(C10)	975989	17.79	18.2%	总建筑面积	平方英尺	54859	17.79
12 楼梯	(C20)	18623	0.34	0.3%	总建筑面积	平方英尺	54859	0.34
13 室内装修	(C30)	463658	8.45	8.6%	总建筑面积	平方英尺	54859	8.45
14 室内工程小计	(C)	1458270	26.58	27.1%	总建筑面积	平方英尺	54859	26.58
15 传送系统	(D10)	108966	1.99	2.0%	总台数	每项	3	36322
16 卫生设施	(D20)	633451	11.55	11.8%	总数	每项	296	2140
17 采暖与通风空调	(D30)	434263	7.92	8.1%	吨(或热量单位/小时)	每项	90	4825
18 消防	(D40)	174783	3.19	3.3%	消防区	平方英尺	54859	3.19
19 电气	(D50)	731378	13.33	13.6%	总建筑面积	平方英尺	54859	13.33
20 电气设施 & 配电系统	(D5010)	206089	3.76	3.8%	接入千瓦数	千瓦	274	751
21 照明 & 布线	(D5020)	352363	6.42	6.6%	总建筑面积	平方英尺	54859	6.42
22 通信 & 安全	(D5030)	137454	2.51	2.6%	总建筑面积	平方英尺	54859	2.51
23 其他电气系统	(D5040)	35472	0.65	0.7%	总建筑面积	平方英尺	54859	0.65
24 室内设施　小计	(D)	2082841	37.97	38.8%	总建筑面积	平方英尺	54859	37.97
25 设备及陈设　小计	(E)	—	—	0.0%	总建筑面积	平方英尺	54859	—
26 特殊工程 & 拆除　小计	(F)	—	—	0.0%	总建筑面积	平方英尺	54859	—
27 **建筑总计**		$5372454	$97.93	100.0%	居住单位	每项	95	$56552
28 **场地工程 & 市政设施**								
29 场地准备	(G10)	92184	1.68	1.7%	总场地面积	平方英尺	85500	1.08
30 场地改善	(G20)	344330	6.28	6.4%	总场地面积	平方英尺	85500	4.03
31 场地机械设施	(G30)	110534	2.01	2.1%	总场地面积	平方英尺	85500	1.29
32 场地电气设施	(G40)	7991	0.15	0.1%	总场地面积	平方英尺	85500	0.09
33 其他场地临建	(G50)	—	—	0.0%	总场地面积	平方英尺	85500	—
34 **场地工程 & 市政设施　总计**	(G)	555039	10.12	10.3%	总场地面积	平方英尺	85500	6.49
35 常规费用、管理费以及利润	@ 11.0%	652024	11.89	12.1%				
36 **当前总体成本**		$6579518	$119.94	122.5%	居住单位	每项	95	$69258
37 或有费用	@ 10.0%	657952	11.99	12.2%				
38 价格浮动	@	—	—	0.0%				
39								
40 **预计总体成本**		$7237469	$131.93	134.7%	居住单位	每项	95	$76184

参数		单位	数值
1	总建筑面积	平方英尺	54859
2	占地面积	平方英尺	19485
3	总外围面积	平方英尺	36437
4	门窗率	%	9%
5	屋面表面积	平方英尺	23188
6	传送设施总台数	台	3
7	吨(或热量单位/小时)	t	90
8	卫生设施总数	每项	296
9	消防区域面积	平方英尺	54859
10	接入千瓦数	kW	274
11	居住单位	每项	95
12	平均层高	英尺	9
13	总场地面积	平方英尺	85500

区域分析	区域(平方英尺)
基础	—
地板	19485
楼板	35374
阁楼	
其他区域	—
总房屋面积	54859

图 5-24　公寓项目成本规划更新：设计开发

率的预测报表为基础的。从预测报表计算得来的正常资本支出被用来为编制原始成本计划作准备。图 5-25 所绘为先前成本计划的比较图。在表中，每一格上面的数字代表示意性设计中原始成本计划每平方英尺的成本。下面的数字代表评估的每平方英尺成本。两个数字的差值约为每平方英尺 16 美元，其中外墙每平方英尺差 5 美元，HVAC 每平方英尺差 1 美元，交通和安全费用每平方英尺差 1 美元。另外，建筑总体面积略微增加了 1000 平方英尺。这些因素加在一起，项目总体成本就增加了 100 万美元。有趣的是，在原始成本模式中，外墙的参数值为 28200 平方英尺，而在成本模式评估中，外墙参数值为 38400 平方英尺。这是一个造成整体成本差异的主要因素，相关人员应当关注其成因。如果墙体面积的增加是为了满足项目需求，那么为了保持预算不变，就必须砍掉其他地方的面积。还应当注意的是，尽管具有一定难度，像这种在设计完善阶段产生的重大差异还是可以纠正的。

4. 在施工文件准备阶段进行成本管理

施工文件准备阶段的工作包括对设计进行进一步完善，并最后确定所有建筑系统的设计要素。这是调整和校正设计的最后机会。也就是说，在这一阶段作出的改变还是相对较小，可控制在已经作出的设计决策范围内的，也不会造成工程延误或设计成本增加。

这一阶段的工作步骤和设计完善阶段的步骤很相似［见图 5-1(*c*)］，主要区别在于，可得信息更多，决策的关注点更窄，几乎完全限于独立的专业中，因此工作需要更为具体和仔细。步骤如下：

(1) 随时征求意见。在整个施工文件准备阶段随时征询和决策相关的意见仍然很重要。这一阶段涉及的问题非常具体，都是和设计细节及规格有关的事项。在某些情况下，在设计完善阶段作出的一般性决策到了这一阶段会变得更加明确具体，对投标方案而言更是如此。如图 5-20 所示，在这一阶段应当注意将决策涉及的事项记录在案，并将记录工作所带来的

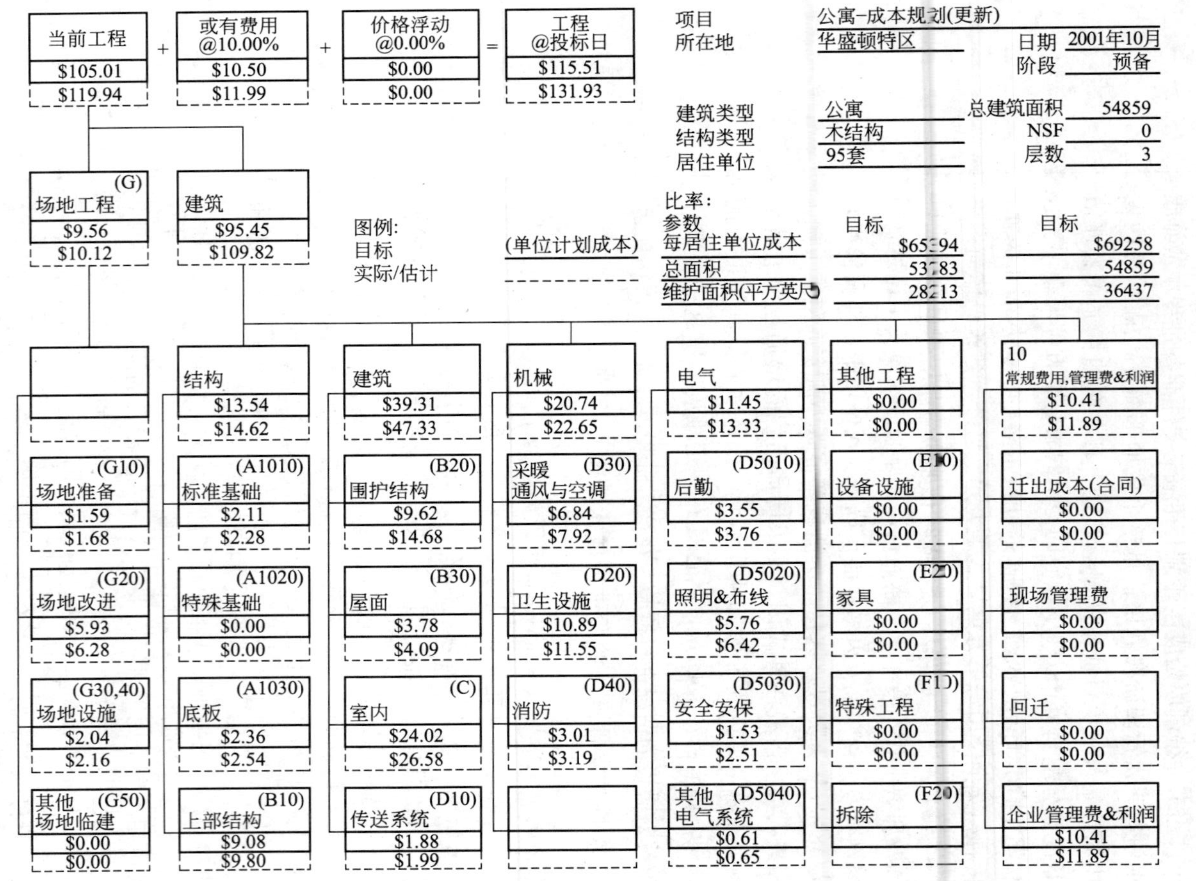

图 5-25 设计开发阶段与概念设计阶段的成本计划评估

后果也记录下来，这对于成本分析很有价值。

（2）进行重要阶段性评估。在施工文件准备过程中或结束时进行一次重要阶段性评估是整个成本管理过程的重要步骤，因为这是改变项目成本的最后机会。评估的目的是检验预算状况及分配到每个专业中的独立要素和系统的成本状况。评估可用 UNIFORMAT 或带 UNIFORMAT 摘要的 MasterFormat 作出。

（3）评估市场情况，或有费用以及价格浮动。在这一阶段，应当注意更新在设计完善阶段所作的市场调查情况。审查或有费用以及价格浮动，以及任何已知主要风险可能造成的影响也很重要。在施工文件准备阶段即将结束时，或有费用应当趋近于零；如果情况正好相反，应当清楚地知道这些或有费用代表哪些事项，怎样可以降低。同样，尽管因设计过程接近尾声，假设的情况已经变得很少，但设计队伍仍然应当参与评估过程，继续对假设的情况进行检验。在这一阶段，最后确定市场预期，对竞标时的竞争项目进行评估是重要的两个步骤。

（4）修订成本计划。在最终评估中会对每个专业的主要参数的估量，及成本分配额进一步作出更为详细的规定。成本计划或成本模式也需要随之进行修订，以收集并总结所有的评估情况，和先前成本计划进行比较，评估当前计划的状况和比之先前计划有所改进的地方。但到了这个阶段，可以作出的调整已经非常有限。可能惟一能够改变的就是选择权了。

（5）进行价值工程学研究。作为成本管理整体过程的一个组成部分，在施工文件准备阶段结束或将要结束的时候再一次进行价值工程学研究是非常有益的。这次研究的目的是评估已知主要系统方案及可构成性方面的问题。对于改建工程，可构成性方面的问题更是需要特别加以考虑。施工文件准备阶段的价值工程学研究焦点一般集中在重大的，令人不快的预算变更上。但是，如果想要减少成本以满足预算要求，一种平衡客观的方法就是进行价值工程学研究，通过研究，既能达到减少成本的目的，又能将对设计的影响控制在最小范围内。

（6）计算寿命周期成本或可承受度。对在设计完善阶段已经确定的寿命周期成本和可承受度相关事项，在施工文件准备阶段进行修订完善的可能性已经相当小了。但是，还是有可能对LEED等级和寿命周期性能方面的问题进行完善。

（7）进行基准比对。基准比对仍然是整个成本管理的重要辅助手段。在施工文件准备阶段，通过基准比对，能对项目整体耐久性进行交叉检查，还能对独立的项目要素进行评估。这一阶段的基准比对更多的是作为一种确认给定条件的行政手段，而非完全是调节工具，但仍然是很有用的。

在施工文件准备阶段进行成本管理的结果是每个专业的成本计划，预算及参数目标都得以最终确定。同样，在这一阶段对每个专业的预算进行严格比较和调整以保持整体预算和系统间适宜平衡也十分必要。但是，相对于前两个阶段而言，这一阶段的工作更具有挑战性，其原因是系统设计已近尾声，改变更难以实施。同样，将工程控制在预算范围内并保证其持续符合业主需求是极其重要的。这一阶段成本管理的基本主题是调整、校正，并确定投标选择权的时机。

五、施工阶段的成本管理

施工阶段的成本管理包括两个主要步骤：第一个步骤是招标，对施工过程及工程变更进行监督。另一个步骤是在整个阶段注意收集历史成本数据。

1. 投标要素

招标过程和成本管理者提出的要求可能差别很小，也可能差别很大，这取决于业主以及业主请来的顾问。但不论是谁负责这项工作，在招标过程中必须考虑一些非常重要的因素。简要介绍如下：

（1）备选价格：增或减?

只要可能，任何备选价格都应当被看作是价格的增项。其原因是，投标人及其分包商为了体现其整体竞争力，已经尽可能的包含了全部细节。一般说来，减项的备用报价不会给出总体价格，因为总体价格已在同一细节上计算，而减项价格通常在局部水平面上计算。因此，最好尽量将基本投标条件安排得完备而具有竞争性，并将提供增项报价作为最佳选择而非必须达到的条件。

如果不用减项报价，而想达到近似效果，可以在一个具有优先权的要约中报出总体价格。这意味着合同的签订要以基本投标报价和所有备选报价为基础，前提是如果这些报价没有超出预期价格的话。如果超出了预期价格，那么可能将最次要的方案排除出去，并使用相同程序再次考虑平衡问题。因为可能存在对投标方案进行武断选择的情况，这种方法一般能够保证合同的签订，并最大限度减少投标人的不满。这种方法的缺点在于，业主必须事先区分出各种方案的优劣。

(2) 单位价格：是否值当?

单位价格在签订初步合同和随后的要约变更谈判中起着非常重要的作用。投标人不太喜欢使用单位价格，除非成为最终签订合同的一方，他们对单位价格也不太关注。解决这个问题的方法之一是确定一些典型的单位价格，并计算其扩充值，以此作为招标要约邀请的一部分。这样就能够保证单位价格的竞争力。应注意所用的单位价格的数量，与实际签约价格的差别，及其潜在的使用趋势。

(3) 现金支付额度：精确是最重要的

对投标人来说，在合同中确定现金支付额度是减少风险的有效方法，但如果现金支付额度不精确，可能带来重大问题。因此，建议对现金支付额度进行仔细研究和评估，确保相关人员不会因其存在而不进行适当的评估，或在设计中不确定适当的规格。

(4) 成本明细：尽量避免

如果没有充分的理由，总包商一般都不喜欢在投标书中递交成本明细。投标是一个涉及很多分包商、供货商的整体过程，时间耗费长，往往最后一刻才能报出。如果要使用一份复杂的投标表格，提交复杂的成本明细，即使能够做到，在投标有效期内把所有分包商的报价集中到投标表格中也是非常困难的。在这种情况下，典型的做法是由总包商填报一份表格，其中的数字可能和实际项目有关系，也可能没关系，但都会计入整体成本。显然，使用这样的数据是不可靠的。

本书建议，如果没有明确的目的，应尽量避免提供成本明细；如果确实需要提供明细，则先提供一个大概的整体数字，再申请一段合理的时间来进一步提供明细。对于简单的小工程，一般一两天就足够了；对于复杂的工程，则需要一个星期。这种方法的缺点在于，在收到投标明细之前，不能发布投标公告。另外，不管投标明细对总包商有没有利，有没有用，他们肯定都会抱怨。为将负面影响减到最小，应当在合同总体要求中清楚地写明提供成本明细，不要等到最后才向总包商提出这一要求。

(5) 价格一览表：确定格式

价格一览表的信息在业主调整变更通知单和收集历史信息时非常有用。将价格一览表的格式和详细程度作为整体要求的一部分清楚地规定在合同中也很重要。总包商根据这些要求，可以在投标中划出一部分资金，保证价格一览表的完成。

用前面介绍的格式，可以制定以 UNIFORMAT 格式为概要的价格一览表，它含有 UNIFORMA 的 16 个分录。对于承包商提供的任何成本信息，都应当仔细检查，确保成本得到合理分配，没有被承包商“过早注入”。如果没有适当的监督，承包商可能在合同早期阶段注入大量成本以尽早获取更多资金。这样做会造成项目后期资金短缺，如果出现这种情况，业主也不一定有足够资金保证项目完工。

(6) 变更通知：制定规则

将双方认可的变更通知的协议及调整方式规定在合同中非常重要。常常由于业主没有在初步合同中规定上述内容，而使随后关于变更通知的谈判变得非常困难。变更通知的规则应当清楚地规定怎样在一般管理费用和利润中，特别是工地常规费用中，添加附加成本值。

对于附加成本值来说，该支付的要支付，该避免的要避免，特别是常规费用随时受变更通知的作用。图 5-26 所示为

工程变更估价(低于＄10000000)： 海军设备工程司令部 4330/43(8/1988)						合同号： 日期：
合同标题：						所在地：
ROICC 办公室：						
变更叙述：						
	总包商工作内容					修订/注释：
1 直接材料				—		
2 材料税	1 行的 4.5%	4.5%	＄0.00			
3 直接人工				—		
4 保险，税金 & 福利	3 行的 20%	20%	＄0.00			
5 租赁设备				—		
6 租赁设备营业税	5 行的 4.5%	4.5%	＄0.00			
7 设备购置以及营业费用			＄0.00			
8 小计(1-7 行累加)					＄0.00	
9 现场管理费	8 行的 10%	10%	＄0.00			
10 小计(8 行和 9 行相加)					＄0.00	
总包商备注：						
	分包商工作内容					修订/注释：
11 直接材料			—			
12 材料税	11 行的 6.0%	6%	＄0.00			
13 直接人工			—			
14 保险，税金 & 福利	13 行的 24%	25%	＄0.00			
15 租赁设备			—			
16 租赁设备营业税	15 行的 6.0%	6%	＄0.00			
17 设备购置以及营业费用						
18 小计(11-17 行累加)				＄0.00		
19 现场管理费	18 行的 10%	10%	＄0.00			
20 小计(18 行和 19 行相加)				＄0.00		
21 企业管理费	20 行的 0.3%	3%	＄0.00			
22 利润(依据公司方针)	20 行的 10%	10%	＄0.00			
23 小计(20-22 行累加)				＄0.00		
分包商备注：						
	一览					修订/注释：
24 总包商工作内容(10 行)			＄0.00			
25 分包商工作内容(23 行)			＄0.00			
26 小计(24 行和 25 行相加)				＄0.00		
27 总包对分包的一般管理费	25 行的 5%	5%	＄0.00			
28 总包对分包的企业管理费	24 行的 3%	3%	＄0.00			
29 利润(依据公司方针)	26 行的 10%	10%	＄0.00	＄0.00		
30 小计(26 行和 29 行相加)				＄0.00		
31 总包商的债券溢价	30 行的 1%	1%	＄0.00			
32 总计(30 行和 31 行相加)				＄0.00		
延长和调整估价时间：						
总包商和分包商的名称： 总包： 分包：						
填表人签字和头衔： 填表人名称：						

图 5-26 NAVFAC 4330/43 表样例：工程变更估价

NAVFAC的一张表格，用以填写及提交关于变更通知的提议。在这张表中使用的是NAVFAC“标准”推荐的附加成本值。

(7) 性能要求：改变关注点

如今，建筑工程合同中常常规定性能方面的要求。这种做法在很多方面对业主和承包商都是有利的，因为关注的焦点不再是具体的方式方法，而是最终的性能。但是，由于这样做需要进行内部检验，在价格方面也可能需要进行协商，因此，具体操作时应当倍加小心。

(8) 投标分析及表格：数量少就意味着竞争激烈吗?

收到投标后，应当制定表格进行分析比较，以确定最后的签约方。根据规范业主行为的各项规章制度和标准，可能会进行谈判，也可能规定必须与报价低的承包商签约。这需要仔细搞清分包商的数量以及每个小包商的竞争力。

为此，可以与一个报价较高的，不参与项目信息提供与说明的投标人联系，也可以直接和分包商联系。尽管分包商不会透露他们的数量，但肯定会介绍自己的情况以及竞争对手的情况。不难发现，总承包商之间竞标激烈往往是因为分包商数量有限。在总包商共用所有主要分包商的情况下即是如此。关键在于应当仔细评估，是不是数量少就一定代表竞争激烈。

提示
不难发现，总承包商之间竞标激烈往往是因为分包商数量有限。在总包商共用所有主要分包商的情况下即是如此。关键在于应当仔细评估，是不是数量少就一定代表竞争激烈。

(9) 进展支付控制及进展评估：报告完工价值

根据已经确定的价格一览表，可按其排列项为基础的百分比权数，对整个工程的进展情况进行评估。这种方法通常被称为完工价值法，据此如果一项任务已经完成了50%，那么就应当支付50%的报酬。关于完工价值报告，有很多公开出版的信息。

(10) 成本分配进度表：逐笔逐项

在使用价格一览进行进展支付控制后，下一个步骤是使用成本分配进度表。方法是：提取表中每个排列项，赋予其一定价值；通过监控表中项目进展情况，将相同的进度百分比运用于支付进展价值中。

(11) 保留金：保证足够的资金

对几乎每个工程来说，保留金的多少以及如何管理都是一个具有争议性的问题。保留金的目的是保证有足够的资金完成项目。保留金应当在完工工程细目的基础上进行评估，而不应在整个工程进展的基础上评估。尽管保留一定的资金是谨慎的，但应当对此保持关注，项目一旦完工，就应当撤资。

2. 在投标后实施成本缩减战略

投标结果超出预算怎么办？首先，不要慌张，不要相互指责。其次，严格控制支出，除非绝对必要，不再多花一分钱。然后，采取以下步骤：

(1) 查明为什么会超支。超支总会有原因，必须迅速查明这个(些)原因。每个和项目有关的人都要检查自己负责的那块工作，找出是否存在任何超支的特殊原因。

(2) 决定影响项目的竞争程度。主要投标人的数量是公开的，并决定着竞争的激烈程度。如前所述，联合的主要投标人之间暗中竞争是很常见的，在他们可能共用分包商的情况下更是如此。在一些极端典型的例子中，所有的主要投标人所用的分包商经常就只是一两个，彼此之间毫无竞争可言。例如在重复建设的项目中，可能只有一个投标人能达到管理规范的要求。当投标人发觉共用分包商时，因为价格一样，一般就不会再行竞争，其目的是保证将足够的竞争性保持在分包的层面上。

(3) 评估历史记录，对投标进行深入正确的对比分析。随后，约见投标的总包商，共同讨论价格超过预期的原因。如果约不到报价低的投标人，可以约见一个完全超脱于竞争范围之外的报价较高的投标人。在这一过程有时会得到非常有用的信息。

(4) 采取行动。根据相关规章制度的规定，可以和报价明显低于其他人的投标人谈判。一般情况下，在采取其他行动之前应当考虑进行这种谈判。为这种谈判支付额外费用比花费时间和精力重新进行招标更为可取。但如果重新招标是惟一的选择，则应考虑对合同文件进行一些变更。一些可能作出的变更如下：

- 审查关于进度及控制点的一般要求
- 考虑替代材料
- 修订标准
- 减少闲置劳力或设备，特别在机械和电力系统方面
- 调整安全要素
- 转嫁风险
- 加大竞争
- 将不是十分紧急的工作推后完成
- 缩减项目建造内容
- 降低质量要求
- 进行预算转化（将工程预算转化为其他预算）
- 重新发布文件时，标明改动的地方，以便投标人比较。

3. 关于工程变更

在管理工程变更的过程中可能会遇到很多问题，主要如下：

- 形式工程变更不是真正意义上的额外费用，它已经被列入项目建造内容，只不过是以变更的形式列入。这种工程变更的出现常常是因为总包商在分包商中间进行了不适当的项目范围分配。正确处理这个问题需要对原始文件规定的项目范围进行详细研究。
- 工程变更可能基于错误的项目建造内容而作出，即使应当进行改变，这一范围也往往超出实际需要。这同样是由分包商之间错误的范围分配引起的。
- 同样的改变在不同的情况下被提出不止一次，甚至由不同的分包商提出。在某些情况下，进行一些改变可能是合理的，因为这反映了不同分包商之间发生的共同变化。
- 对任何工程变更予以充分信任，特别是哪些“零成本”

的工程变更。业主对哪些不花费成本的改变是比较乐意接受的，但应当对业主予以充分信任。

- 可以有很多不同的方法测定数量。因为在美国相关标准的数量很少，所以在实施改变之前商定测量方法是很重要的。对数量进行验证可能花费业主不愿意投入的时间和精力。任何以数量为基础的工程变更都应当检验其价值比例。
- 对于在同一个工程变更内增加和减少的工作，其成本计算应当在不同基础上进行。使用不同方法确定增加和减少的工作的成本费用是很常见的。在某些情况下，可能是正确的；例如，增加一扇门所增加的费用可能和减少一扇门所减少的费用不一致。但情况并不总是如此，在采用不同定价方法的时候应当小心谨慎。这也是要在合同中规定相关方法的又一个原因。
- 根据价格清单对材料进行定价可能偏高，因为这种做法没有考虑折扣。对工程变更进行定价往往以价格清单为基础，特别是那些公开出版的价格清单。实际上，承包商一般都会拿到扎实的折扣而不会按照清单上的价格付款。因此，应当询问多个不同的供应商以验证价格。这种做法在机械或电力系统的定价问题上尤为常见。
- 在分包合同和总包合同中，一般管理费用和利润都可能规定过高。如前所述，这个问题应当在合同中予以明确。
- 实施改变的劳动生产率可能要比整体劳动生产率低得多。在某些情况下，这种说法是完全正确的，但并非所有情况都是如此。对所有的工程来说，都应当仔细审查劳动生产率。例如，在实施改变时，可能会发给工人额外的补助，但同时也会要求工人按照这类工作的标准做法进行施工，这意味着，不需要对劳动生产率进行调整。
- 实施改变可能会产生一些已经列入常规费用项下的现场一般管理费用，如管理人员、工程师和其他现场员工。

应当清楚地识别出任何与改变工作没有直接联系的劳动力费用。

- 在合同中规定了单位价格的情况下，实施改变工作的费用可以即时的材料价格为基础确定。在工作开始之前，这种以即时的材料价格为基础进行定价的方式必须得到双方认可。如果合同中已经规定了定价的方式，或者在先前进行的变更工作中已经确定了定价方式，那么就应当使用现有的定价方式。在某些情况下，单位定价的方式可能对业主有利，业主有可能得到比合同规定价格更低的单位报价。但是，在基本合同价格不公平的情况下，不推荐使用这种办法。
- 可能不会提供充分的支持性材料以证明进行变更的正当性。对于任何合同方面的变更，一般都要求提供充分的支持性材料。当然，在紧急的情况下，可以在没有完整的支持性材料的情况下提出进行变更，但一旦获得了相关信息，必须马上提交，因为在以后的谈判中可能用到。在所有的情况下，都应当提交充分的支持性材料备案。
- 在按照要求寻找具有竞争力的投标时会出现失误。有些变更过于重大，或者需要特别的专家咨询，仅仅和一家现有的分包商进行谈判是不够的，在这种情况下，通常要求总包商在不只一家有资格的分包商中进行选择，将工程分包给那些投标具有竞争力的分包商。但应当意识到，项目中加入一个新的承包商可能带来附加的成本，其费用可能超过仅和一家现有的承包商进行谈判的费用。

六、发包方式对成本管理产生的影响

施工管理(CM)学科发展到 20 世纪 70 年代时，建筑业经历了第一次重大转变，改变了传统的设计－招标－施工的发包方式，影响了合同和项目管理。近期又出现了一种证明可行的设计－施工一体化的发包方式，如今的业主可以在各种不同的发包方式中进行选择，这些方式有很多别名，如建筑风险管理、“代理”建筑管理、“纯粹”设计一施工、“桥接”设计一施工、“快速追踪”、“总价包干(GMP)”，以及“最佳价值”。

索赔

索赔以及处理索赔的程序是一个非常复杂的问题。有很多公开出版的参考资料详细介绍了索赔，可用作处理索赔问题的指南。美国建筑管理协会(CMAA)是这方面问题的一个非常好的信息来源。显然，最好的处理索赔的方法是对项目进行管理，将索赔减少到最小程度或当场予以消灭；但并不是总能这样，因此，应当做好准备，处理好业界这个耗费金钱的难题。

所有这些选项和子选项，从时间、质量、成本、风险和管理的角度看，都有其固有的优点和缺点。本节将介绍每种发包方式的主要方面，剖析各种体系对成本管理产生的有利和不利的影响，为使业主的工程承包更为有效，对相关术语进行了定义。

1. 历史背景

在建筑业产生之初，对管理及对建筑过程进行监控的需求就以这样或那样的方式表现出来。每个人都会赞同地说，进行过程管理是必要的；但实践证明困难在于：谁来进行管理？怎样进行管理？

在工业革命之前，所谓的“建筑承包人”包揽了全部的过程控制，依靠分包商负责具体的工作。工业革命期间，签订总承包合同成为项目建设的主要方式，到了20世纪60年代，通过竞标确定总包商成为项目发包的主要方式。同一时期，新的管理工具被引进到建筑业中，其中包括关键路线计划、价值工程学和经济学分析。

20世纪70年代通货膨胀期间，建筑成本不断攀升，业主对此很不满，建筑管理特别是能进行“快速追溯”的设计加建造模式就是在这种情况下正式产生的。

20世纪80年代及90年代早期，建筑管理出现新的发展趋势，即一种被称为“总价包干”(GMP)的固定价格发包体系。最近，又出现了其他一些发包体系，在实践中正被越来越多地采用，特别是设计加施工，又分为几种形式，这些都为业主提供了更多的选择。

自20世纪70年代以来，业主方的技术和管理人员越来越趋向于减少。以前，这些专业人员就是一个汇集着知识、专业技术和经验的大仓库；近来，这个仓库逐渐被项目管理所替代。这意味着这些专家成了多余的，不被项目财政所支持的人员，因此，为缩减开支从外界获得服务的“外购”成了一种普遍的方式。

现在的情况是，设计、施工专家和成本管理者的工作相互交叉和影响，同时还有很多各种各样的具体实施者和参与者，发包方式也多种多样，业主方的人员可以只从整体角度上对项目进行宏观的管理。因此，在整个项目成本管理的过程中，应当更加小心谨慎，维护业主利益。

2. 有关发包的术语

计划、规划、设计和施工的过程是复杂而充满潜在矛盾的。为尽量避免冲突，提高交流的有效性，对相关术语进行统一定义十分重要。以下是一些重要词语的解释：

(1) 建筑过程的各个阶段

本书将建筑过程分为三个阶段：

① 计划/规划。在这个阶段，应确定目标、建造内容、需求、预算、进度和相关方法。

② 设计。设计阶段一般又分为三个小阶段——示意性设计阶段、设计完善阶段和施工文件准备阶段，设计阶段应当确定完整的项目计划及规格。

③ 施工。在施工阶段，按照施工图和协议内容推进施工，并制定已完工程文件。施工包括很多活动，通常先后进行，也可能同时进行。发包活动，包括进度安排、采购、招标、谈判及发标，一般在施工活动开始之前进行，而施工活动则包括制作，运输，装配，安装，现场施工，以及现场管理。

(2) 发包/合同关系

业主寻求服务、买进产品是通过各种方式和合同协议进行的。在寻求服务时，一般首先考虑资格，价格是第二的考虑因素。服务一般由代理人提供，代理人与业主建立委托关系，为维护业主的最大利益而工作。产品一般是根据相关规格向供货商购买。在招标的情况下，价格是首要的决定因素；但根据以“最佳价值”为基础的发包技巧，在考虑价格的同时还应当考虑资格问题。

即使有可能，要想在发展并保持代理关系的同时保持买卖关系也是非常困难的，反之亦然，因为这样可能产生严重的冲突。从一种关系转换到另一种关系是可能的，但想同时保持两种关系却很困难。

(3) 支付方式

建筑合同的价格可以是一揽子性的，也可以是分期偿付性的。如果情况规定得很清晰很具体，双方的理解也很到位，可适用一揽子性的价格。如果建造内容和条件还未确定，或者可能很快发生变化，采用偿付性，或称成本一添加的方式是惟一可行的办法。

建筑合同可以是一次性确定总价，也可以反复偿付，或在二者之间变化。明确了各种情况的合同一般都会招标，并发标给报价最低的投标人。对于其他的合同，一般会进行谈判，确定一揽子价格，或确定定价的方式。签订单位价格合同也是一种确定固定价格的方式，在这种合同中要根据预定的价格确定大概的建造内容。

(4) 建筑合同授标

建筑合同的授标几乎可以发生在发包过程中的任何阶段。对此首要的决定因素是业主是否愿意在文件准备齐全之前发标。一般情况下，以施工文件为基础定价需要一定的谈判技巧，而在施工文件准备齐全的情况下，则可以进行一揽子价格型招标。

如果想在设计工作完成之前保持合同价格不变，可以任意使用以下两种基本方法之一：

① 一些初期设计的形式和文件可以变更。变更的内容可以包括一小部分初步确定的建造内容和条件，或者设计可以

只完成到65%。如果一份合同中规定了这种方式，这份合同就是前面提到过的所谓总价包干或GMP合同。如果在GMP的基础上对文件进行了最低限度的变更，通常会在以后进行最后的谈判，以确定一个固定的合同价格或是最终的GMP。在某些情况下，作为一种最终确定价格的方式，业主可能会委派项目经理在独立的分包商中间进行公开招标。

② 把项目分成内容明晰的几个子项，在该部分工作文件齐全的基础上独立招标，一揽子定价。这些子项目可以是一系列连续的工作(例如，场地清理、基础、搭架等)，也可以分成若干组签订合同。某些情况下(在一些国家和大城市中)，就这些子项目完全可以签订独立的主合同和附合同。但无论如何，最终成本要等到所有的分包项目都招标完毕才能确定。

3. 不同的项目发包方式

谈到项目的发包方式，大家对相关术语和概念没有统一的认识，定义也千差万别。我们一般依据参与者的相互关系对发包方式进行基本分类。为强调不同方式对成本管理的不同影响，本书将发包方式作如下基本分类：传统的设计一招标一施工方式、建筑风险管理方式、设计一施工方式。下面介绍每种方式的优缺点。

(1) 传统的设计一招标一施工方式

采用这种“古典”的方式，需要有一个处于代理关系的设计师/工程师(A/E)，和一个处于买卖关系的总包商。进行成本管理起初是设计师/工程师队伍的责任，业主也可能另外咨询一些来自外部的意见和建议。在本书的大部分内容中，这种传统的方式是用来作为方法论的基线加以参考的。详见图5-27。

(2) 施工风险管理方式

采用这种方式，需要选择一位成本管理方(CM)，该施工管理和业主之间起初是代理关系，在包干总价确定以后转化为买卖关系。在公布包干总价之前，成本管理是设计师/工程师队伍和施工管理共同的责任。包干总价公布之后，设计师/工程师队伍一般仍然继续履行成本管理监督的责任。建筑风险管理方式如图5-28所示。

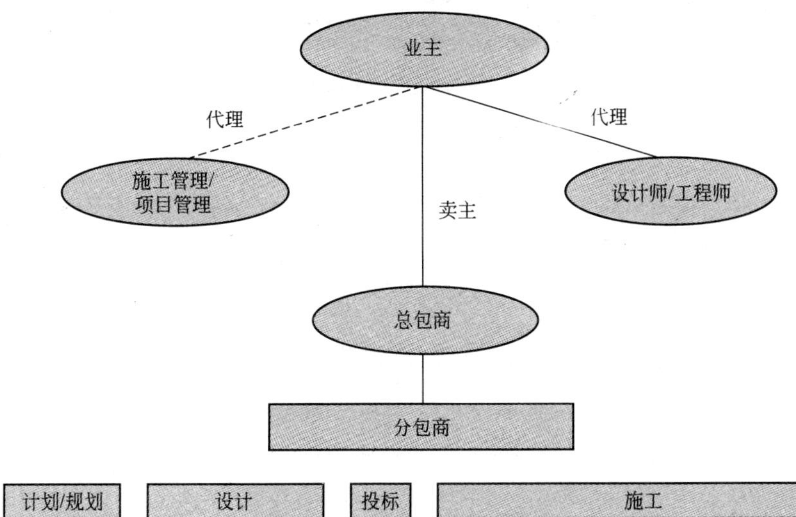

基本方式

- 直接和业主签订基本合同
- 以资格条件或资格/价格条件为依据选择设计师/工程师
- 设计师/工程师完全完成设计
- 向总承包商开标(可能已经过预选)
- 发标给报价最低的投标人
- 在发标后开始工程建设

变　种

- 总承包商可参与设计过程，提出建议
  - ➤ 可能和总承包商协商一致后签订合同
  - ➤ 也可能仍然需要招标
- 分包合同可以单独招标
  - ➤ 可委托总包商进行招标
  - ➤ 可委托总包商进行招标，业主也可签订若干基本合同(如纽约州、宾夕法尼亚州、北卡罗来纳州的做法)
- 建筑或项目总经理仍可以代理人的身份参与这一过程

图 5-27　传统的设计一招标一施工发包方式

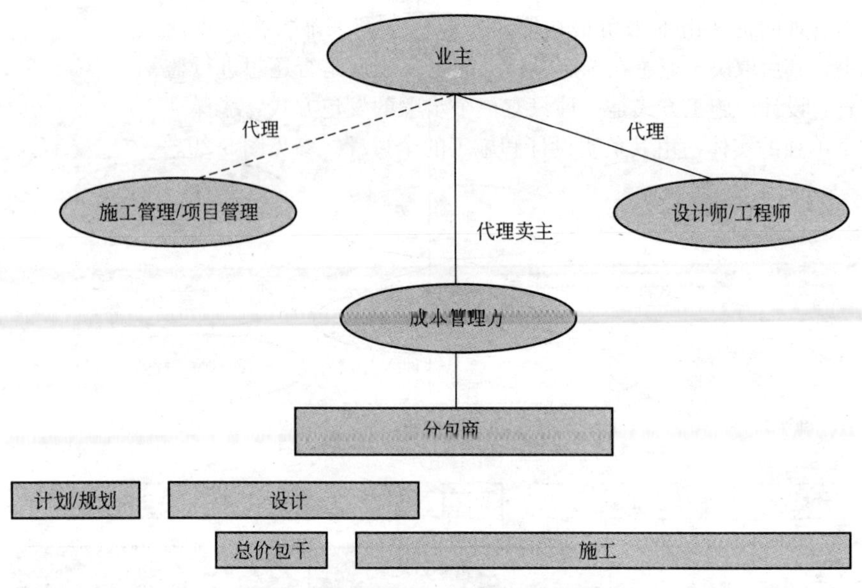

方　　式
• 建筑总经理(风险管理)和设计师/工程师都可以直接和业主签订合同 • 以资格条件或资格/价格条件为依据选择设计师/工程师 • 以资格条件或资格条件、常规费用及利润为依据选择建筑总经理(风险管理) • 建筑总经理(风险管理)负责工作进度和方式/方法 • 工程可以早期一揽子合同为依据，在设计完成之前开始进行

变　　种
• 建筑或项目总经理仍可以代理人的身份参与这一过程 • 总价包干可在建筑总经理(风险管理)向分包商招标之后确定 ➤ 最终价格可以总价包干为上限浮动 ➤ 或以总价包干为上限，和业主“分享节余” ➤ 或商定一个固定的价格

图 5-28　施工风险管理发包方式

(3) 设计一施工方式

在这种方式中，只有一个单独的实体(设计一施工方)。成本管理的责任由谁来负最初取决于业主让谁来准备招标意向书，其后取决于业主在选定设计一施工方之后是否还想进行监管。设计一施工方式是一种只有一个步骤的发包方式：选择一个单独的实体，由其负责设计和施工的全过程。参见图 5-29。

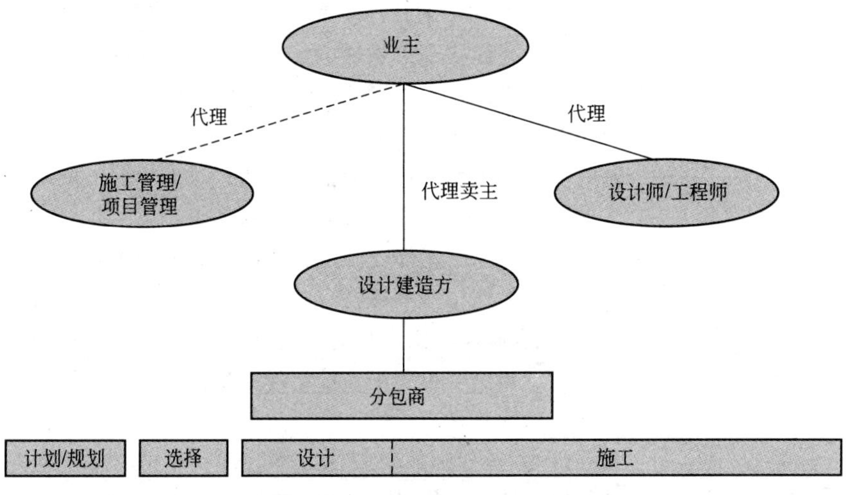

基本方式
• 直接和业主签订基本合同
• 由业主或顾问制定计划/规划
• 业主发布招标意向书，确定建造内容和性能规格
• 以资格和价格条件为依据选择设计一施工方
• 设计一施工方最初以代理人身份参与计划/规划过程

变　种
• 建筑或项目总经理仍可以代理人的身份参与招标意向书的准备及监督过程
• 设计可进行到接近完善的阶段，为招标选择设计一施工方做好准备（“搭桥”）
• 设计一施工方可能需要提供财务和完整的预先服务（“承包”）
• 土地费用也可能成为合同的一部分
• 设计建造合同可能是含回租或先租后卖模式的定制建造
• 可能包括职工安置在内的所有工作（“设计一施工一运行”）

图 5-29　设计一施工发包方式

(4) 要点概述

在了解了上述三种发包方式的含义之后，读者还应当关注：业主应当怎样利用设计师/工程师队伍，施工管理/项目管理，总包商以及成本管理者所提供的服务：

- 采用三种方式中的任何一种，业主都可以和设计师/工程师队伍建立代理关系(作为主要设计人或顾问)，也可以聘用施工或项目总经理(施工管理/项目管理)，作为业主方代表。这些人员，不论其来源如何，都可以看作是业主方的工作人员，只不过这些“外来”的人员所从事的是传统上“内部”人员所作的工作。
- 在传统的设计－招标－施工方式中，成本管理者应当发挥什么样的作用，本书已有介绍。成本管理通常是由设计师/工程师队伍来进行的，设计师/工程师成员负责在整个设计和施工过程中监控情况的变化。
- 在建筑风险管理方式中，设计过程中的成本管理通常是由设计师/工程师队伍中的成本管理者和项目经理通过评估协商的方式共同完成的。在包干总价公布之后，设计师/工程师队伍的责任就仅限于在设计最后阶段进行监督，这和设计师/工程师队伍在施工阶段的任务很相似，即：监控出现的变更，商议解决办法。在项目从总价包干到最终设计、发包和最终定价的过程中，项目经理也负有内部的，对设计诠释活动进行“管理”的责任。这和传统设计－招标－施工方式下承包商进行的内部成本管理很相似，惟一的区别在于设计没有最后确定。
- 如果采用设计－施工方式，设计－施工方就要担负起成本管理的所有主要责任，在工程价格早早确定的情况下更是如此。业主通常只保留某种形式的成本管理监督权力，以及针对变更和最终定价进行谈判的权利。采用“桥接”的设计－施工方式，在“桥接”文件的编制过程中，在选定设计－施工方并商定价格之前，设计师/工程师队伍一直负有传统意义上的成本管理责任。

在这之后，设计师/工程师队伍可能继续履行监督的责任，业主也可能选择另外的人员，如项目管理/施工管理，来进行成本监督。

4. 各发包方式在成本管理方面的优缺点

哪种方式是成本管理的最佳选择？每种方式都有其固有的优点和缺点，另外，在某些情况下，由于与发包有关法律的规定和在寻找合作方问题上的偏好，选择的余地并不大。有些业主不管实际情况如何，总是避免只采用某一种发包方式，而有些业主则专门只采用一种方式——但很多业主对这三种方式都不赞成！

公正合理地评判各种方式的优劣是很困难的。迄今为止，“解析性”的评估发包方式也只是一些观点的汇集，我们能够肯定的是，这些观点来自一些知识渊博、有见识、有能力的人，但也仅仅只是观点而已。还没有任何完整的、公正的分析。

图 5-30 简要说明了每种方式的优缺点，都是从业主的角度出发进行比较的。能够看出来，在某些情况下，某种方式要比其他方式更为适用，但不能说哪一种方式就是最好的。

那么对成本的影响怎么样呢？有没有一种方式能够给成本带来更好的影响？要回答这个问题，必须首先评估风险转移和风险转移的效果。不论采用哪种方式，都要评估风险，并将风险调整到每个参与方都能够接受的程度。这就产生了一个问题，即项目初期成本和最终成本的关系问题，这个问题反映了变更带来的影响以及实行变更所花费的成本费用。简言之，不能简单地回答哪种方式能够给成本带来最好的影响，公平一点的说法应该是，只要管理适当，任何方式都能带来有效的、可接受的成本结果。相反，如果管理不当，无论采用什么方式，其结果都是不受欢迎的。

传统的设计一招标一施工方式		
表　　项	优　　点	缺　　点
成本和预算管理	• 具有“最佳价格”方面的潜力 • 能感知“最佳价格”	• 成本直到招标才能最终确定 • 招标后如果出现成本超标，需要花费很大代价重新设计 • 投标人可能省略掉没有明确标明的工作，以降低报价
进度影响和管理	• 实施进度规定在合同中	• 在设计完成之前很难开始施工 • 进度的延期或压缩可能增加成本，并不易被发现 • 发标后很难改变进度

建筑风险管理方式		
表　　项	优　　点	缺　　点
成本和预算管理	• 在设计完成之前能得到成本方面的“保证” • 控制力加强 • 成本节约的目标具有可行性	• 包干总价确定以后，如果不能得到正确反映，也会增加成本 • 项目总经理可能会“扩大”预算，以创造未来“节约”的机会
进度影响和管理	• 施工可在设计完成之前开始进行 • 在确定包干总价之前可以指出扩展或压缩进度对成本造成的影响	• 施工过程中很难改变进度

设计一施工方式		
表　　项	优　　点	缺　　点
成本和预算管理	• 早期成本保证 • 价格和成本趋于相称 • 能够获得最高性价比	• 难以检验公平价格竞争 • 在初期定价过程中风险问题对成本的影响不明显 • 如果业主过分强调价格，并将其作为选择标准，设计一施工方可能会被迫牺牲质量以降低价格
进度影响和管理	• 可以在设计很早期的阶段开始进行施工 • 一般被认为是进度方面利益最大化的方式	• 定价以后任何时点的进度改变都难以执行 • 使用“搭桥”型的方式可能造成进度延期

图 5-30　每种发包方式的优点和缺点

5. 成本管理要求

不论发包方式如何，业主都希望实现有效的项目成本管理。在某些情况下，成本监管的任务可以由业主方人员来完成，但更为常见的是，由于业界普遍实行“规模缩小”，业主在成本管理方面所起的作用是有限的。现在，很少有业主拥有像20世纪60～70年代那样的员工队伍。另外，很多业主雇不起全职的技术人员，但指望其他员工发挥这方面的作用也是不合理的。无论是在公共领域还是私人领域，这种现象都越来越明显了。

业主也可能想依靠“设计师记录”进行成本管理，但在以上几种发包方式中，设计师可能并不处于代理人的地位，或者不再出现在合同中，这使得业主必须增加一个专业设计或施工管理/项目管理顾问，这在前面已经提到过了。

在过去的30年里，项目发包方式不断增多，并得到极大完善。特别是一些专业的行业协会在促进相互交流方面做了很多工作，它们制定了更加完善的合同形式、常规费用以及支持性文件。同时，在公共项目领域，相关法律、规章及制度也得以修改和扩展，从而提供了更大的灵活性和选择度。一些大的私人机构也扩大了他们的选择范围，并作出了更为详细的说明。

毫无疑问，如果发包方式的选择面很宽，业主在最终交付上就能有多方面的改进。采用多种发包方式，能更好地进行进度和成本控制。另一方面，采用建筑风险管理方式和设计一施工方式也给沉溺于传统的设计和合同管理过程的建筑界带来了一定的压力。项目发包的很多问题能得到改进，合同管理水平也能得到极大提高，并与非传统方式更加协调。需要考虑的问题包括：

（1）更优质、更有效的文档

- 更好地编制文件，清楚清晰地记录下设计和施工的过程，对任何发包体系来说都是有利的。对于怎样编制传统发包文件，业界有很多经验可循，但在为非传统体系确定适当标准和方法的问题上，就显得力不从心。消灭或最大限度地减少失误和遗漏仍然是整个业界的奋斗目标。在这种情况下，文件应当更好地反映出设计意图，特别是初期阶段的一些意图。

- 准备更加完善、更加有效率的总价包干定价文件。传统设计一招标一施工方式中适用的标准(建筑施工文件的内容只确定 60%)对包干定价方式来说已经不够用了。在机械和电气系统的问题上更是如此，普通的设计完善文件完全不能满足定价的需要。一般情况下，如果采用总价包干方式，对机械和电气方面的要求就应当规定得很充分，应接近建筑结构设计的细节水平。这种方法会给设计过程带来不便，会耗费设计人更多的时间和精力，以作出有效的结论。这对设计人和业主来说都是一个费钱的事项。
- 为早期定价制定完善的规格确定程序。在过去的几年里，业界在确定适当的项目初期描述和规格概述方法的问题上做了很多工作。同样，性能描述与具体规格描述相比具有很多优点，但因为可用的设计非常少，也更难以定价。我们不仅需要确定设计意图的方法，也需要定价的方法。另外，我们还需要找出合理的方法协调若干评估结论，并对变更实行合理的跟踪调查。

(2) 清晰变更及工程变更程序

- 弄清进行真正的工程变更与解释说明正常工程过程的区别，特别在采用建筑风险管理方式和设计一施工方式的时候更要注意这个问题。要达到这个目的，业界需要制定相关标准和程序，对概念性和示意性工程进行严格定义，并阐明什么时候进行的变更才是真正的变更。
- 确定某些设备类型的模式，并参考相关文件。确定模式有助于确定初期项目成本，并为将来可能发生的变更提供更好的基准比较。
- 参考先前项目有助于更好地了解设计意图，了解对系统性能的预期。

(3) 选择项目经理和设计一施工方的技巧

- 在没有确定初始价格的情况下，把价格、质量、性能和长期运作进行要素分解。在选择中，业主应当注意：低价并不意味着便宜。
- 在传统设计一招标一施工方式中，如果使用标准邀请函进行招标，则必须将工程发标给标价最低的投标人，而不管该投标人过去的情况或表现怎样，即使过去的表现显示该投标人并不具备接受工程的能力。例如，在标准招标函中，我们不会看到以前都进行了哪些变更，也不会了解为了获取变更命令承包商是怎样地绞尽脑汁苦心钻营。投标的目标是压低价格以求中标。不幸的是，投标人(尤其是联邦政府工程的投标人)的注意力都集中于文件中遗漏的要素和相互矛盾之处，并把这些内容排除在初期投标以外，以降低投标价格，在获得工程以后，再通过变更命令的方式补足这些要素，但额外的费用就可能因此而产生了。
- 如果采用“最佳价值”或来源选择的方式，则需要预先定义所有选择要素，并将其作为选择的惟一基础。在最近十年，特别是联邦政府的工程中，这种程序的采用率越来越高。虽然价格是考虑要素之一，但因为还存在其他要素，选择的标准已经从“价格低”转向了所有要素的协调一致。业界很多人认为，这种来源选择的方式能够带来更好的结果。
- 将长期寿命周期性能作为选择的考虑要素。如果采用设计一施工方式，对设计一施工方的选择可能很少以概念性文件和性能规格为基础，要保护自己这方面的利益，业主需要将寿命周期性能和潜在长期运行保证纳入考虑范围。在某些情况下，这类保证可规定在设计一施工一运行合同中。不必说，采用这种选择方式需要使用一些最佳价值发包的形式。

(4) 今后努力的方向

在提高项目发包，改进整体成本管理水平方面，专业设计人员、施工人员、专业社团以及行业组织可以做的工作很多。业主选择面的拓宽，业主方人员数量和权力的不断压缩，让提高成本管理水平显得更为必要。但不管业界提供服务这一方的情况怎样，业主都应当更加积极地采取措施，进行变革，推动管理水平的提高；其次，还应当认识到变革是需要时间、资源和金钱的。另外，投入资金完善定价标准、达成协商一致也显得很重要。

七、小结

前面章节介绍了成本管理的工具和技巧，本章介绍的是怎样综合运用这些工具和技巧，这同样也是整个成本管理方法的组成部分。本章介绍的重点是项目发展的早期计划阶段和概念性/示意性设计阶段，同时也介绍了整个设计和施工过程。将成本管理有机结合到整个项目实施过程中是十分必要的，这也是本书重点阐述的内容。

作者建议读者将本书介绍的各种程序和方法积极应用到实践中，以提高成本管理水平。应用这些方法有助于保证建造内容、需求和预算三者协调一致并在整个工程期间保持这种协调关系，并有助于实行更为有效的成本管理，更好地满足业主要求。

参考文献

Books

Bull, John W., ed. *Life-Cycle Costing for Construction*. Glasgow: Blackie Academic & Professional, an imprint of Chapman & Hall, 1993.

Civitello, Andrew M., Jr. *Contractor's Guide to Change Orders.* Upper Saddle River, NJ: Prentice-Hall, Inc., 1988.

Dell'Isola, Alphonse J. *Value Engineering: Practical Applications for Design, Construction Maintenance & Operations.* Kingston, MA: R. S. Means Company, Inc., 1997.

Fatzinger, James A. S. *Basic Estimating for Construction.* Upper Saddle River, NJ: Prentice-Hall, Inc., 1997.

Kirk, Stephen J., and Alphonse J. Dell'Isola. *Life Cycle Costing for Design Professionals,* 2nd ed. New York: McGraw-Hill, 1995.

Levy, Sydney M. *Construction Databook*. New York: McGraw-Hill, 1999.

Mendler, Sandra, and William Odell. *The HOK Guidebook to Sustainable Design*. New York: John Wiley & Sons, Inc., 2000.

Parker, Donald E., and Alphonse J. Dell'Isola. *Project Budgeting for Buildings*. New York: Van Nostrand Reinhold, 1991.

Pena, William M., and Steven A. Parshall. *Problem Seeking*, 4th ed. New York: John Wiley & Sons, Inc., 2001.

Swinburne, Herbert. *Design Cost Analysis for Architects and Engineers*. New York: McGraw-Hill, 1980.

Articles, Reports, and Workbooks

American Society for Testing and Materials. "ASTM Standards on Building Economics," 4th ed. West Conshohocken, PA: American Society for Testing and Materials, 1999.

———. ASTM E 1557-97: "UNIFORMAT II: Standard Classification for Building Elements and Related Sitework," 4th ed. West Conshohocken, PA: American Society for Testing and Materials, 1999.

Bowen, Brian. "Construction Cost Management," in *The Architect's Handbook of Professional Practice*. Washington, DC: The American Institute of Architects, 1998.

———. "Building a Better Bottom-Line Course Workbook." University Park, PA: The American Institute of Architects, and Pennsylvania State University, 1988.

Bowen, Brian, and Michael D. Dell'Isola. "Cost Management Applications Workshop Workbook," prepared for the American Institute of Architects Convention, 2000.

Committee on Budget Estimating Techniques, Building Research Board. "Improving the Accuracy of Early Cost Estimates for Federal Projects." Washington, DC: National Research Council National Academy Press, 1990.

Construction Industry Institute. "Improving Early Estimates," in *Best Practices Guide,* Austin, TX: Construction Industry Institute, 1998.

———. "Alignment during Pre-Project Planning," A Key to Success Workbook, 1997.

Construction Management Association of America. "Cost Management Procedures." Washington, DC: Construction Management Association of America, 2000.

———. "Contract Administration Procedures," 2000.

Dell'Isola, Michael D. "Cost Estimating for Land Development Professionals," Presentation Workbook. Chantilly, VA: Engineers and Surveyors Institute, 2000.

———. "Professional Management Services Applied to Different Contracting Methods," report given at Construction Management Association of America Annual Conference, Washington, DC, 1997.

———. "Impact of Delivery Systems on Contract Management," *Construction Specifier Magazine,* September 2001, pp. 18–35.

———. "Conceptual Estimating for Design-Build Projects," Course Workbook. Washington, DC: Design-Build Institute of America, 2001.

Dell'Isola, Michael, and Beatriz Pita and Thomas Wiggins. "Learning How to Control Building Costs," Course Workbook. Atlanta, GA: Georgia Tech College of Architecture, 2000.

General Services Administration and Hanscomb Associates Inc. "Value Engineering Program Guide for Design and Construction," Washington, DC: General Services Administration, 1992.

———. "Cost Estimating Guide," Draft, Washington, DC: General Services Administration, 1999.

———. "UNIFORMAT: Cost Control & Estimating System Database," Database and Report. Washington, DC: General Services Administration, 1975.

Hanscomb Roy Associates Inc. "MASTERCOST: A National Building Cost Data File System Report." Washington, DC: American Institute of Architects, 1974.

Horsley, F. Willliam. "Means Scheduling Manual." Kingston, MA: R. S. Means Company, Inc., 1998.

Marshall, Harold E. "Techniques for Treating Uncertainty and Risk in Economic Evaluation of Building Investments." Gaithersburg, MD: National Institute of Standards and Technology, 1988.

Marshall, Harold E., and Robert P. Charette. "UNIFORMAT II: Elemental Classification for Building Specifications, Cost Estimating, and Cost Analysis." Gaithersburg, MD: National Institute of Standards and Technology, 1999.

Pierce, David R., Jr. "Project Planning & Control for Construction." Kingston, MA: R. S. Means Company, Inc., 1988.